高等职业教育规划教材

机械制图习题集

李爱惠　郑文灏　主编
巫立平　沈艳丽　副主编

中国铁道出版社
2018年·北京

内 容 简 介

本习题集与李爱惠、郑文灏主编的《机械制图》教材配合使用，习题的编排次序与教材体系完全一致，内容包括：制图基本知识，正投影与三视图，柱体与组合体，锥台体、旋转体与组合体，基本体的轴测图，截贯体与组合体，图样画法，标准件和常用件，零件图，装配图，计算机绘图等内容。

本书可作为高职高专非机类各专业的通用教材，也可作为中等职业学校机类、非机类专业的通用教材及自学用书。

图书在版编目（CIP）数据

机械制图习题集 / 李爱惠，郑文灏主编. -- 北京：中国铁道出版社，2012. 7（2018. 10 重印）

ISBN 978-7-113-15078-5

Ⅰ. ①机… Ⅱ. ①李…②郑… Ⅲ. ①机械制图－高等学校－习题集 Ⅳ. ① TH12－44

中国版本图书馆 CIP 数据核字（2012）第 169566 号

书　　名：机械制图习题集
作　　者：李爱惠　郑文灏　主编

策　　划：阚济存　　**编辑部电话：**010-51873133　　**电子信箱：**td51873133@163.com
责任编辑：阚济存　　**封面设计：**崔丽芳　　**责任印制：**李　佳

出版发行：中国铁道出版社（100054，北京市西城区右安门西街 8 号）
网　　址：http://www.51eds.com
印　　刷：北京铭成印刷有限公司
版　　次：2012 年 7 月第 1 版　　2018 年 10 月第 3 次印刷
开　　本：787 mm × 1092 mm　1/16　印张：7.75　字数：190 千
印　　数：6001 ~ 9000 册
书　　号：ISBN 978-7-113-15078-5
定　　价：22. 00 元

前　　言

本习题集与李爱惠、郑文灏主编的《机械制图》教材配合使用，内容与教材体系完全一致，并采用了截至2012年最新颁布的《机械制图》、《技术制图》国家标准。

本习题集的投影制图部分题型新颖，目的明确、重点突出、循序渐进，重在培养学生的读图、画图能力；空间想象能力和理论联系实际分析、解决问题的能力。

本习题在编写过程中，考虑到学时时数、不同专业、因材施教等因素，习题数量与难度有一定幅度的变化，各院校可按教学实际情况选用。

本习题集由李爱惠、郑文灏主编（按姓氏笔画为序），巫立平、沈艳丽副主编。参加编写工作的有南京铁道职业技术学院沈艳丽（第1章）、南京工业职业技术学院郑文灏（第2章～第6章）、南京铁道职业技术学院李爱惠（第7章～第10章）、南京铁道职业技术学院巫立平（第11章），此外，陈国强、贺炜、李萍萍、陈亚东、王春燕、赵婧、金旭东、吴杰、王盛山、张秋红、郑猛、朱方为本习题集做了很多工作，在此一并表示感谢。

本习题集在投影制图基本理论部分的体系、内容作了较大的改革，但限于我们的水平，选编的习题和作业难免存在错误与不足之处，敬请广大读者批评指正。

编　　者

2012年7月

目　　录

第1章　制图基本知识 …… 1
第2章　正投影与三视图 …… 11
第3章　柱体与组合体 …… 15
第4章　锥台体、旋转体与组合体 …… 31
第5章　轴测图 …… 41
第6章　截贯体与组合体 …… 44
第7章　图样画法 …… 53
第8章　标准件和常用件 …… 73
第9章　零件图 …… 84
第10章　装配图 …… 97
第11章　计算机绘图 …… 112
参考文献 …… 117

第1章 制图基本知识

1-1 字体练习。

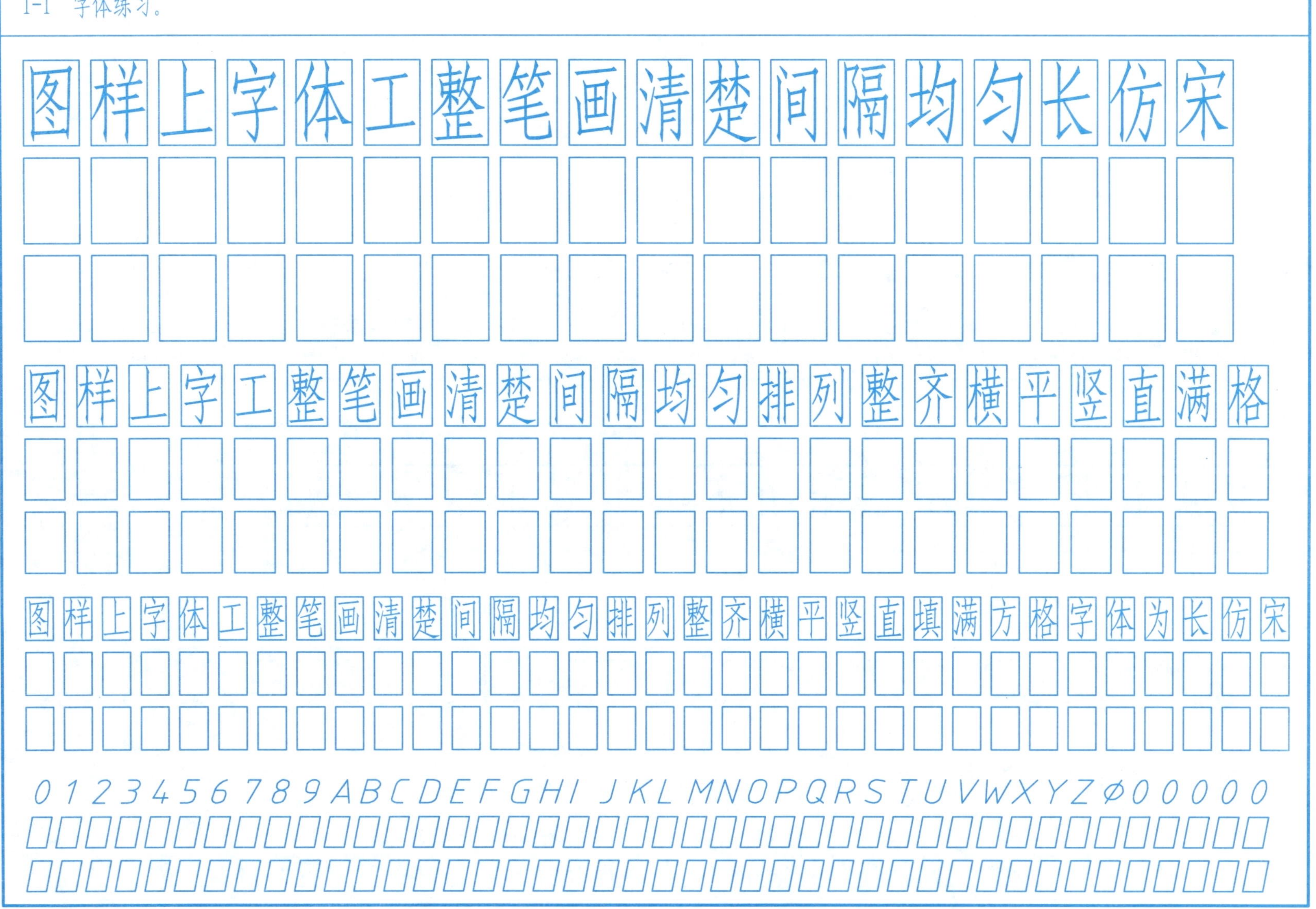

1-2 字体练习。

姓名班级学校比例材料数量零件技术要求
姓名班级学校比例材料数量技术要求标题栏零件装配图
姓名班级学校比例材料数量粗糙度技术要求标题栏其余零件装配体螺栓垫圈
0 1 2 3 4 5 6 7 8 9 A B C D E F G H I J K L M N O P Q R S T U V W X Y Z Φ 0 0 0 0 0
0 1 2 3 4 5 6 7 8 9 a b c d e f g h i j k l m n o p q r s t u v w x y z Φ 0 0 0 0 0

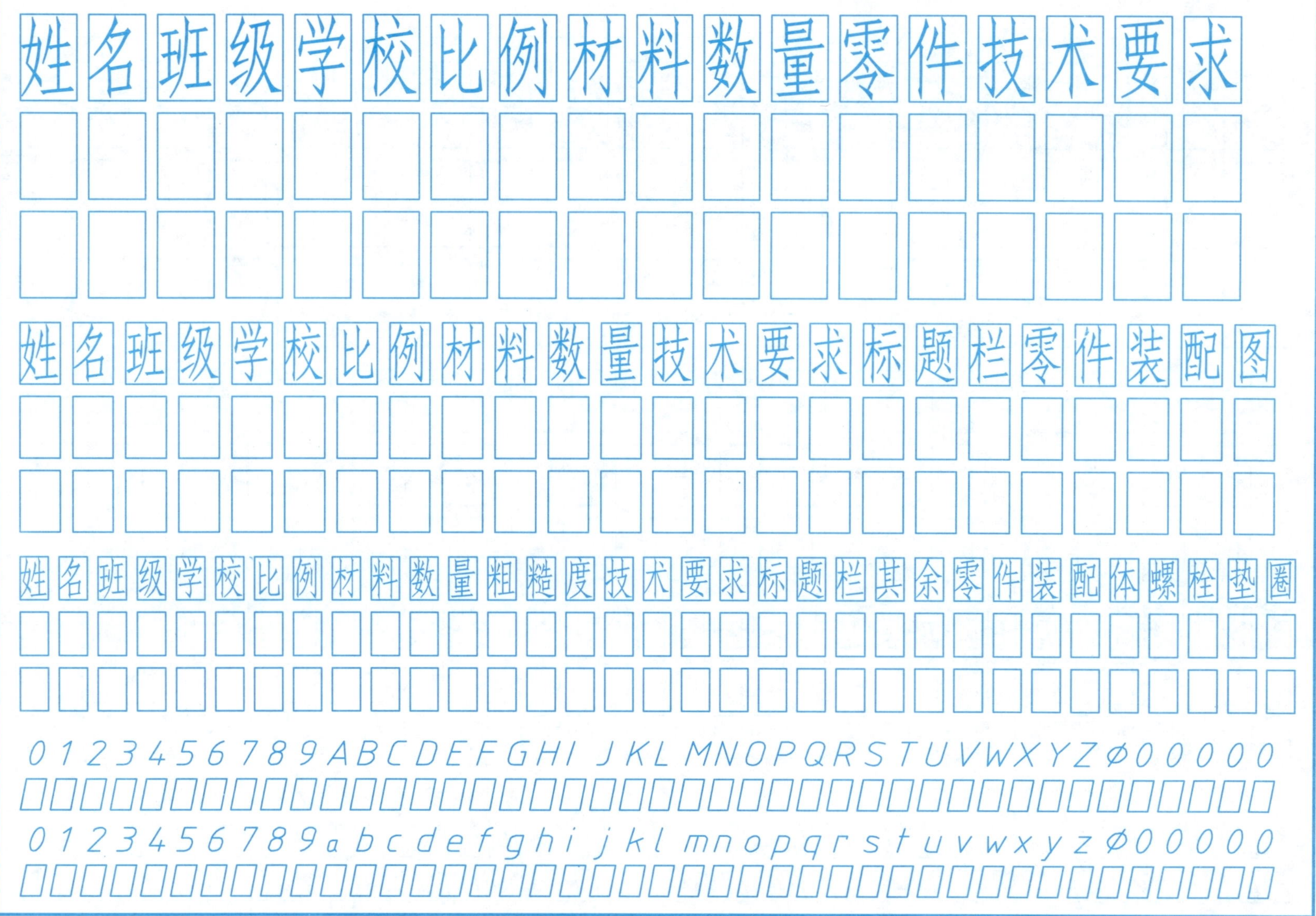

1-3 在指定位置抄画下列各种图线。

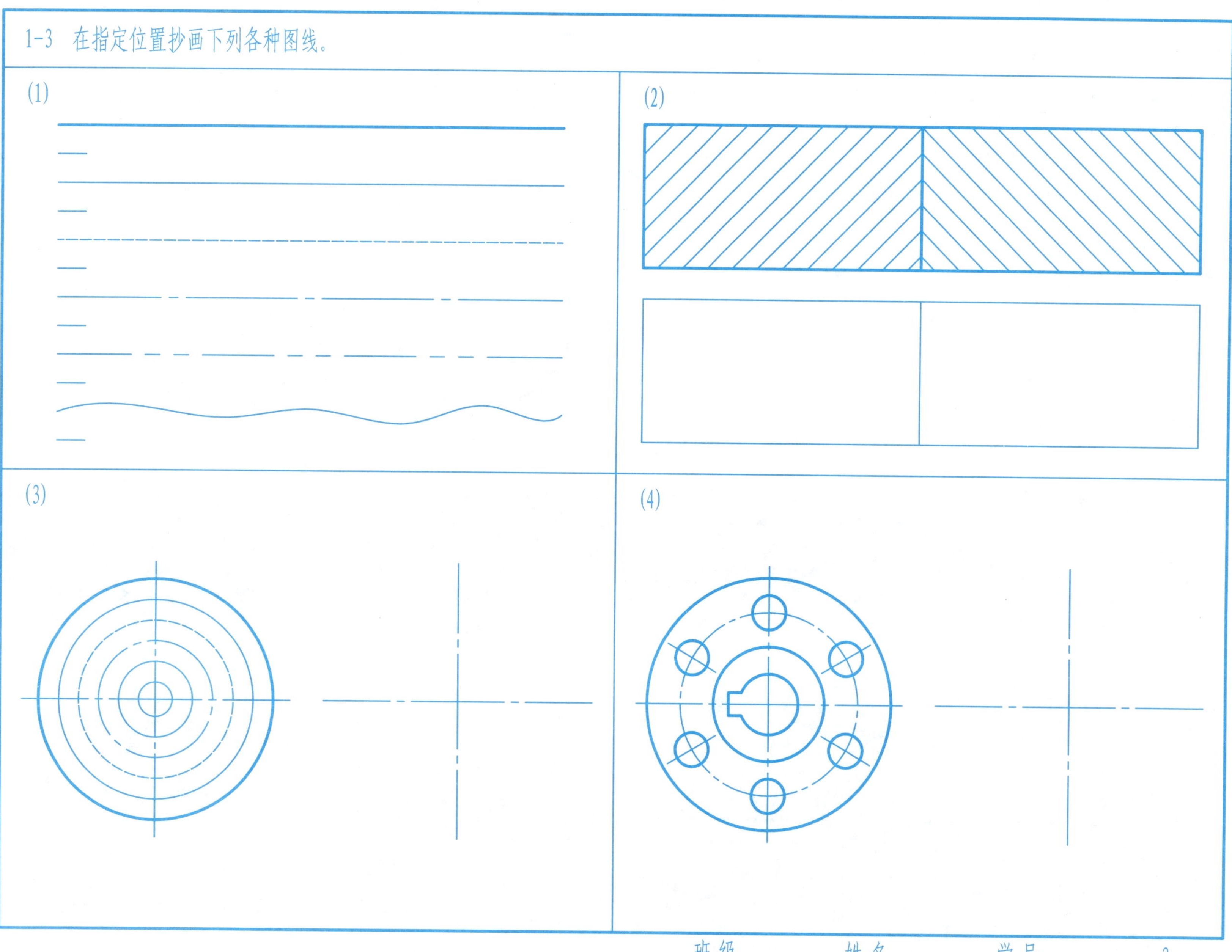

班级　　　　姓名　　　　学号

1-4 尺寸标注(数字从图中量出，取整数)。

(1) 线性尺寸的标注。

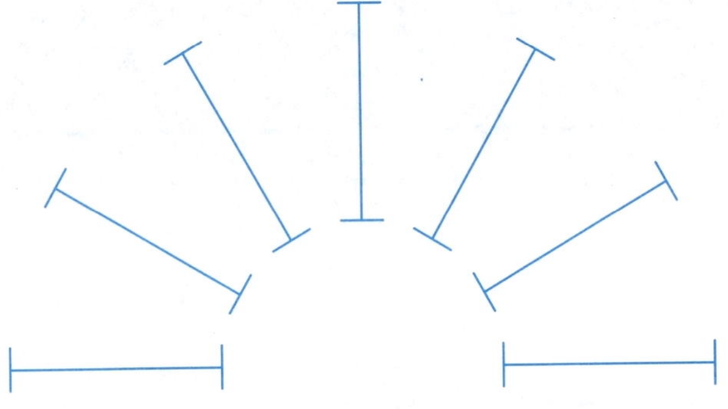

(2) 直径和半径的标注。

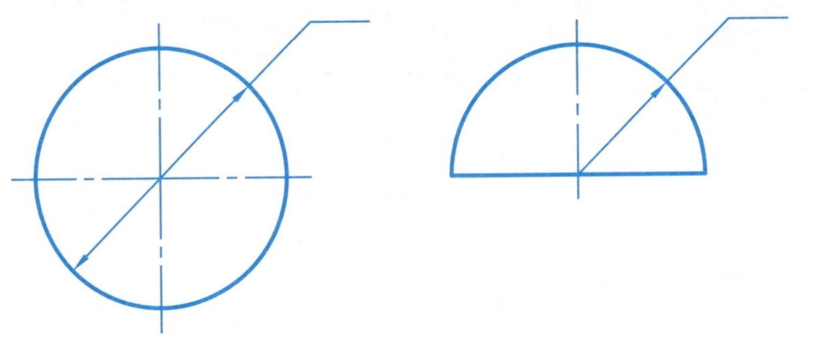

(3) 角度的标注。

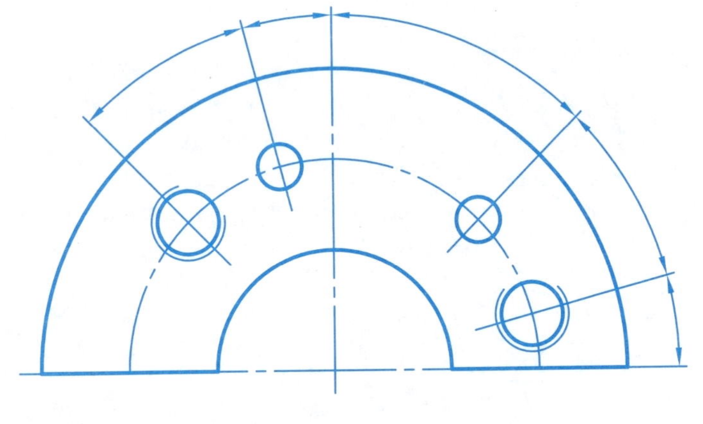

(4) 球面的标注。

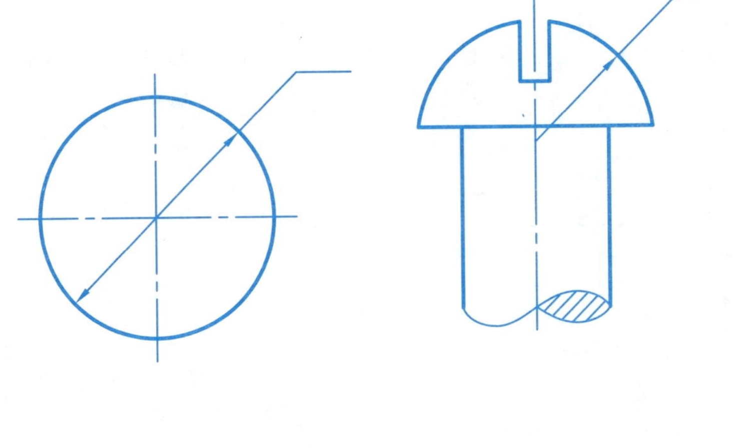

 班级 姓名 学号

1-5 尺寸标注(找出左图中的错误，并在右图中正确标出)。

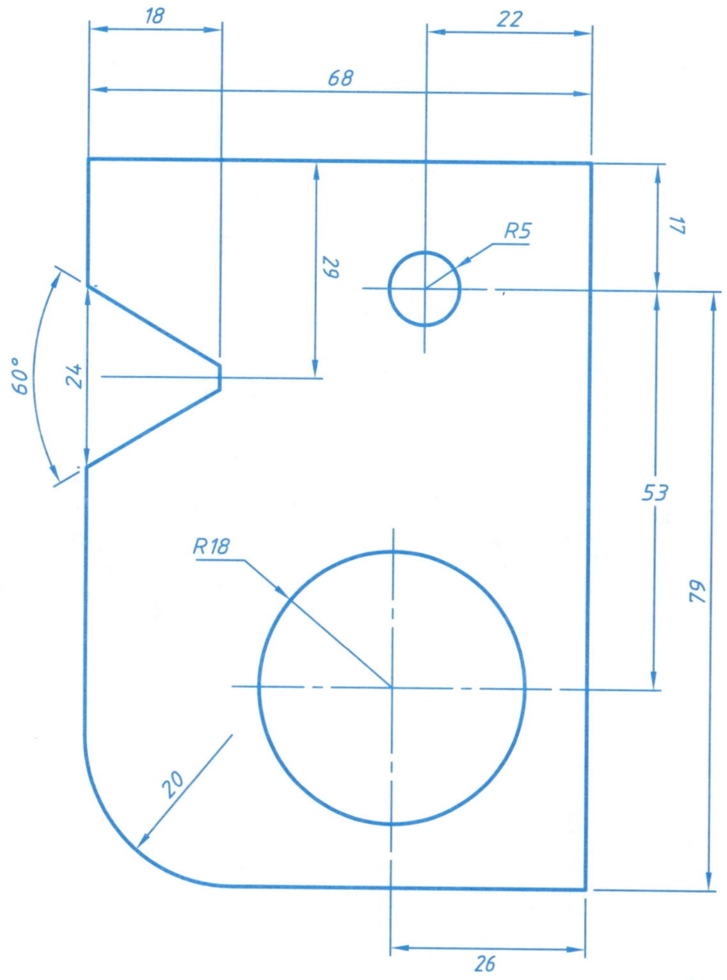

18 22 68 R5 29 17 60° 24 53 79 R18 20 26

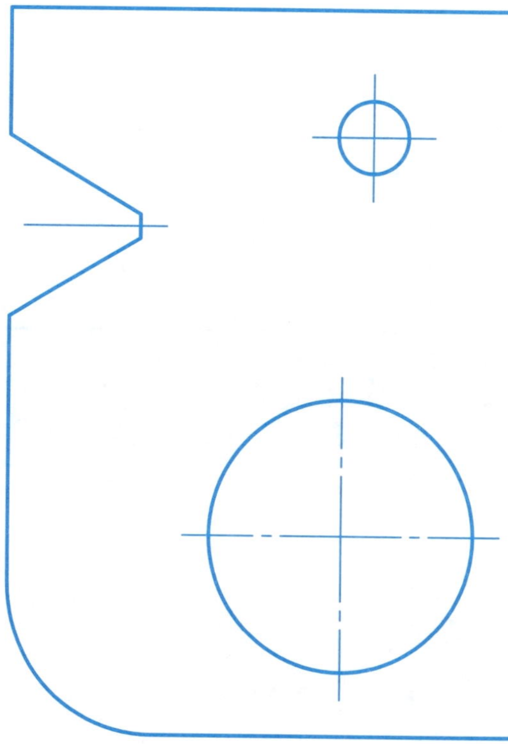

1-6 作圆的内接正多边形、斜度、锥度。

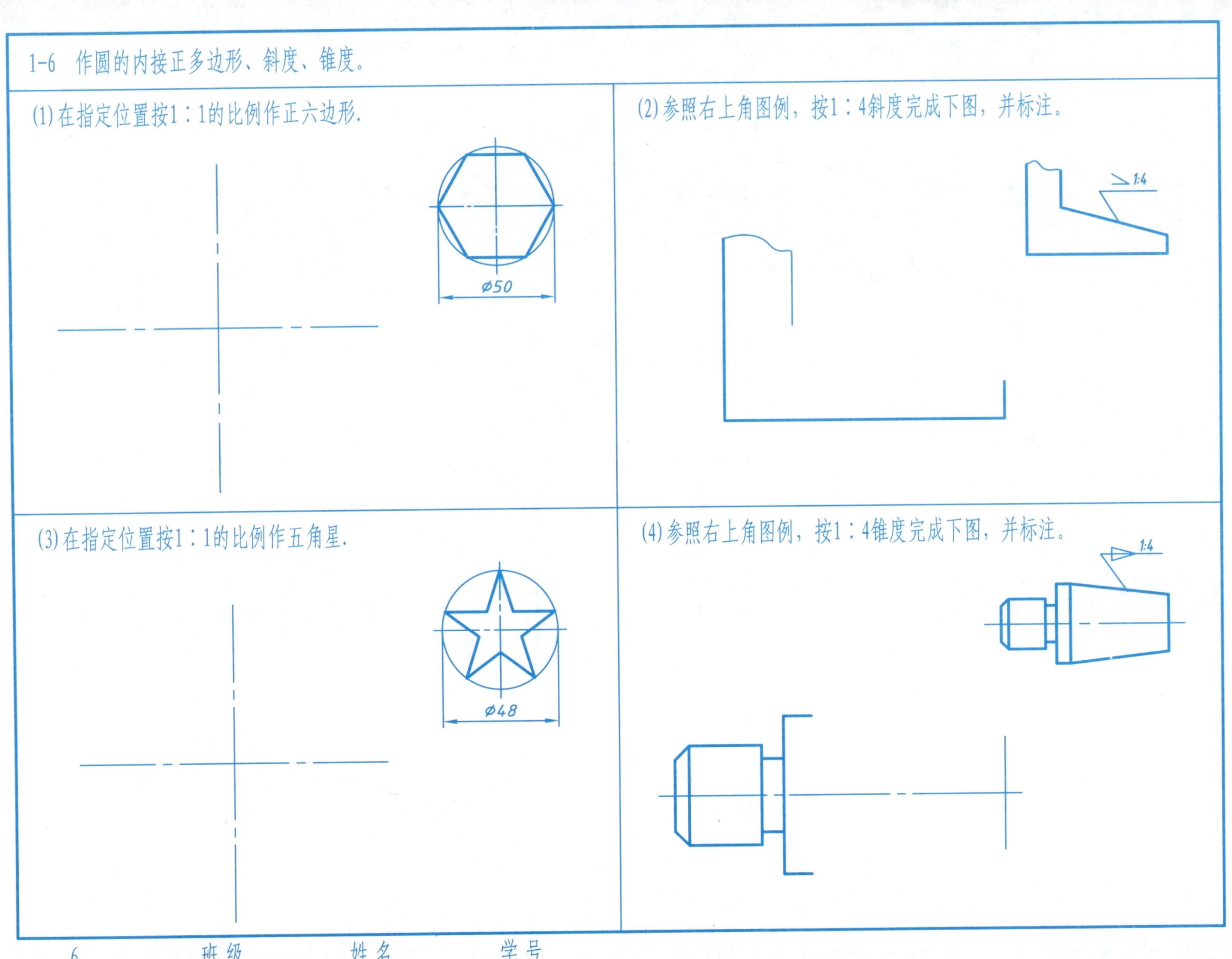

 班级 姓名 学号

1-7 圆弧连接。

(1) 用R10的圆弧连接两直线。

(2) 参照图例尺寸，补全平面图形。

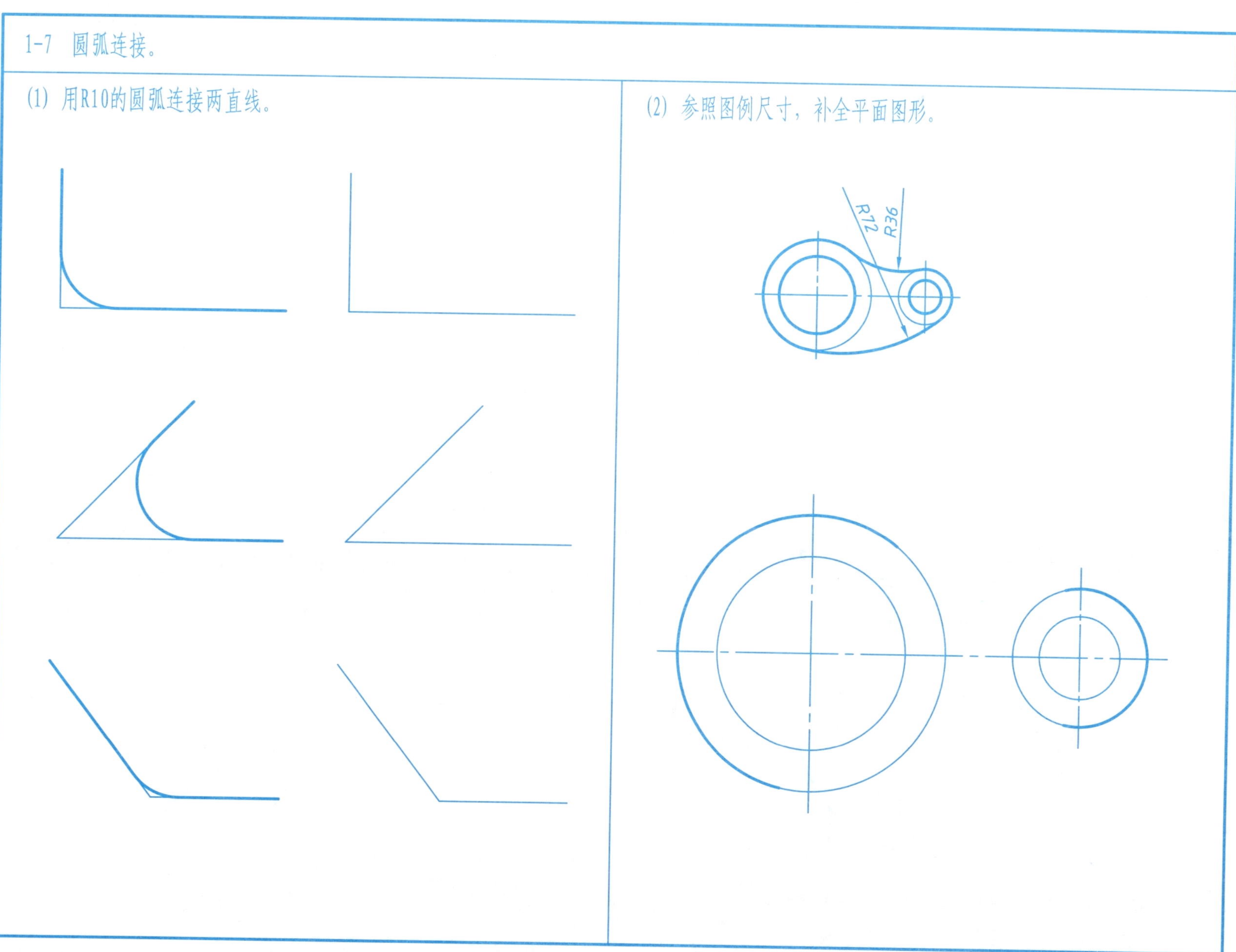

1-8　在指定位置用1∶1比例抄画下列图形，并标注尺寸。

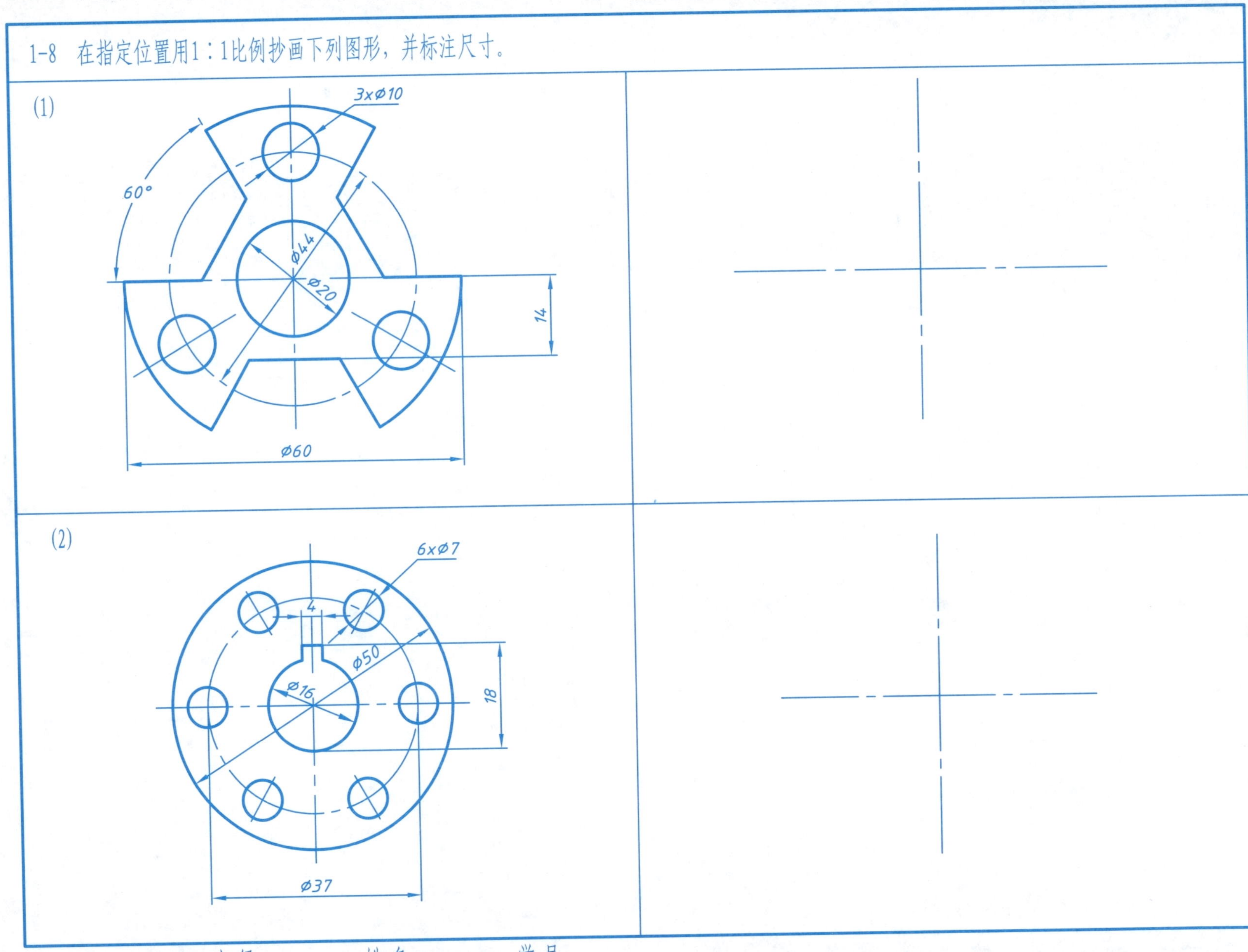

1-9 在指定位置用1∶1比例画出下列图形，并标注尺寸。

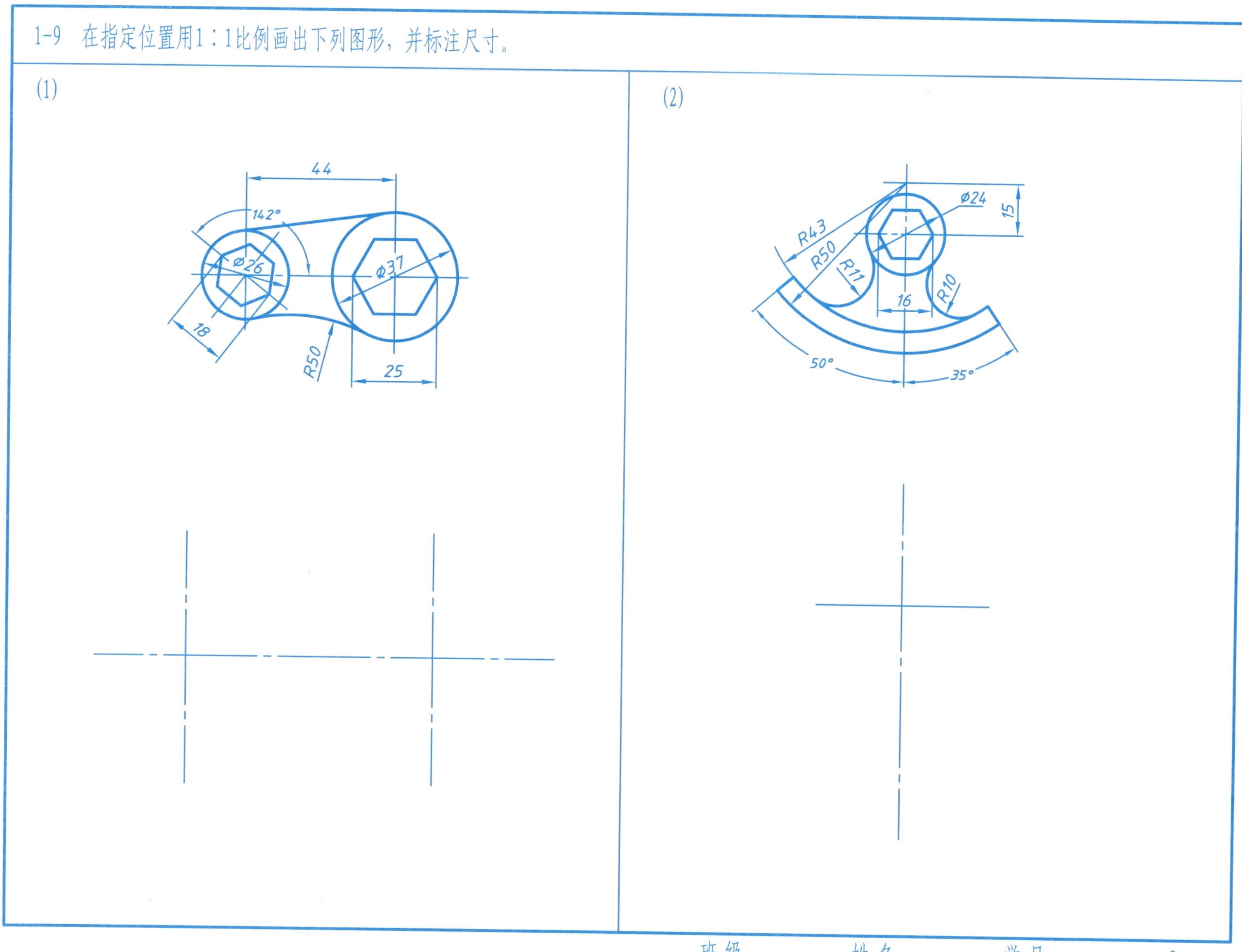

1-10 在A4图纸上用1：1比例画出下列图形，并标注尺寸。

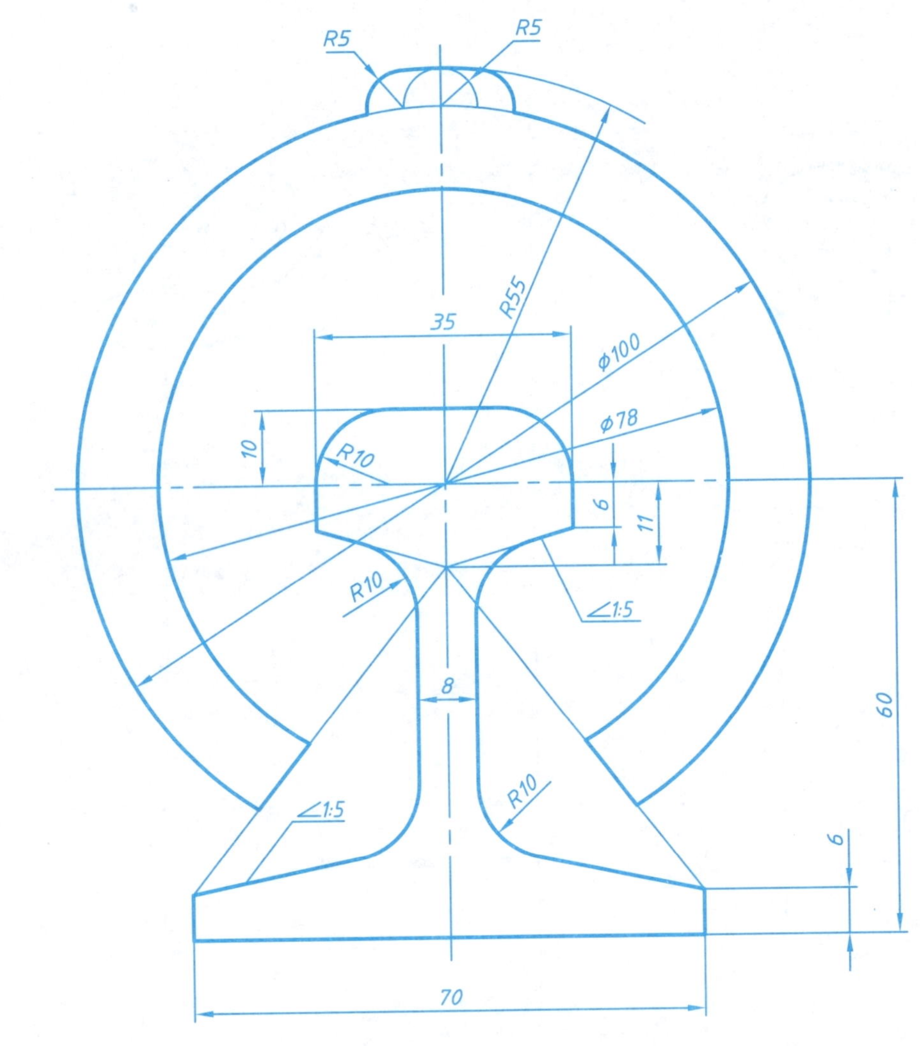

第2章 正投影与三视图

2-1 根据已知的投射方向画出物体的单面正投影。

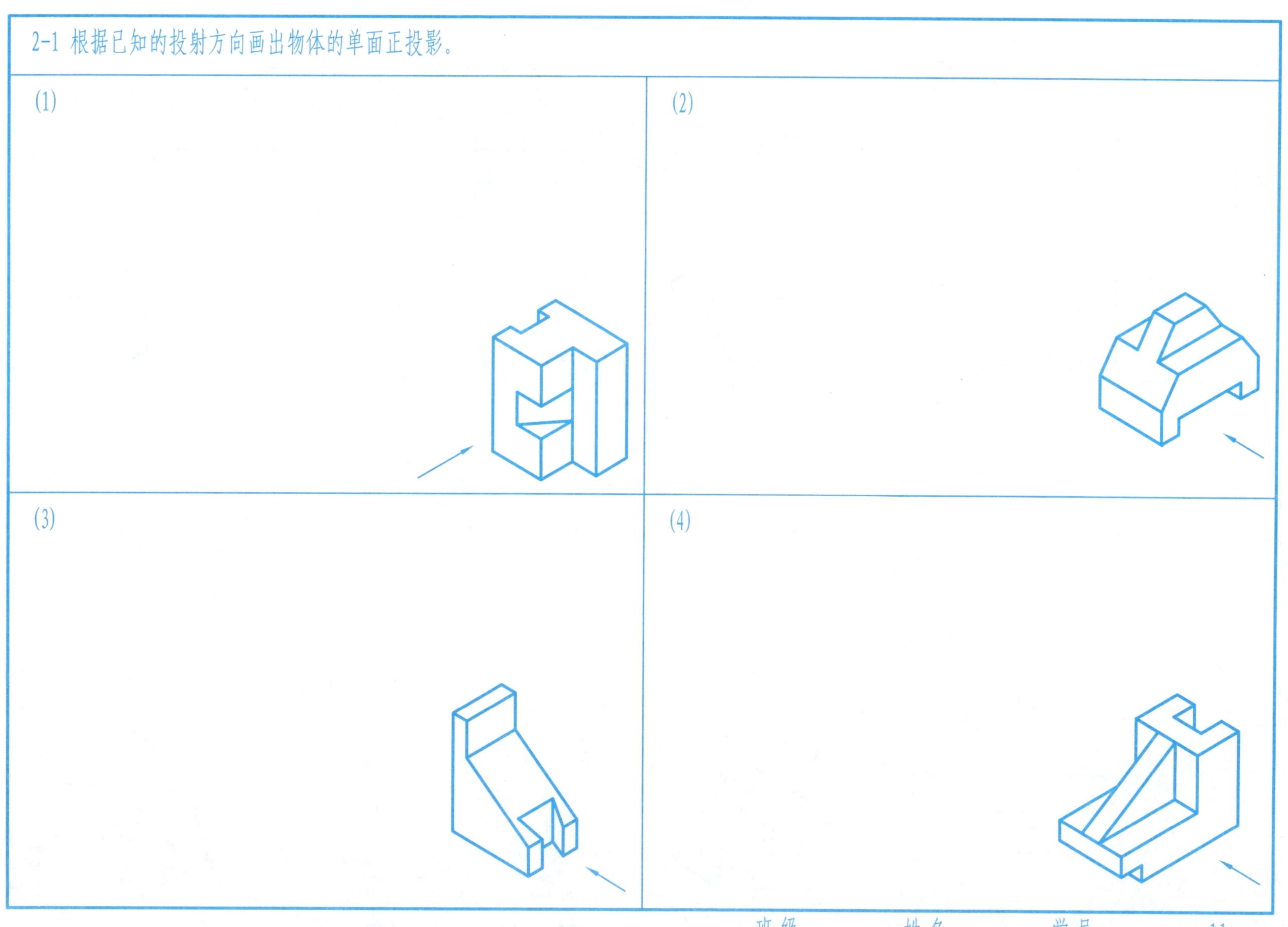

2-2 已知物体上 A、B、C 三表面，试完成三平面的三投影，并注出字母如 a、a′、a″，继而用线面分析法完成物体的第三视图。

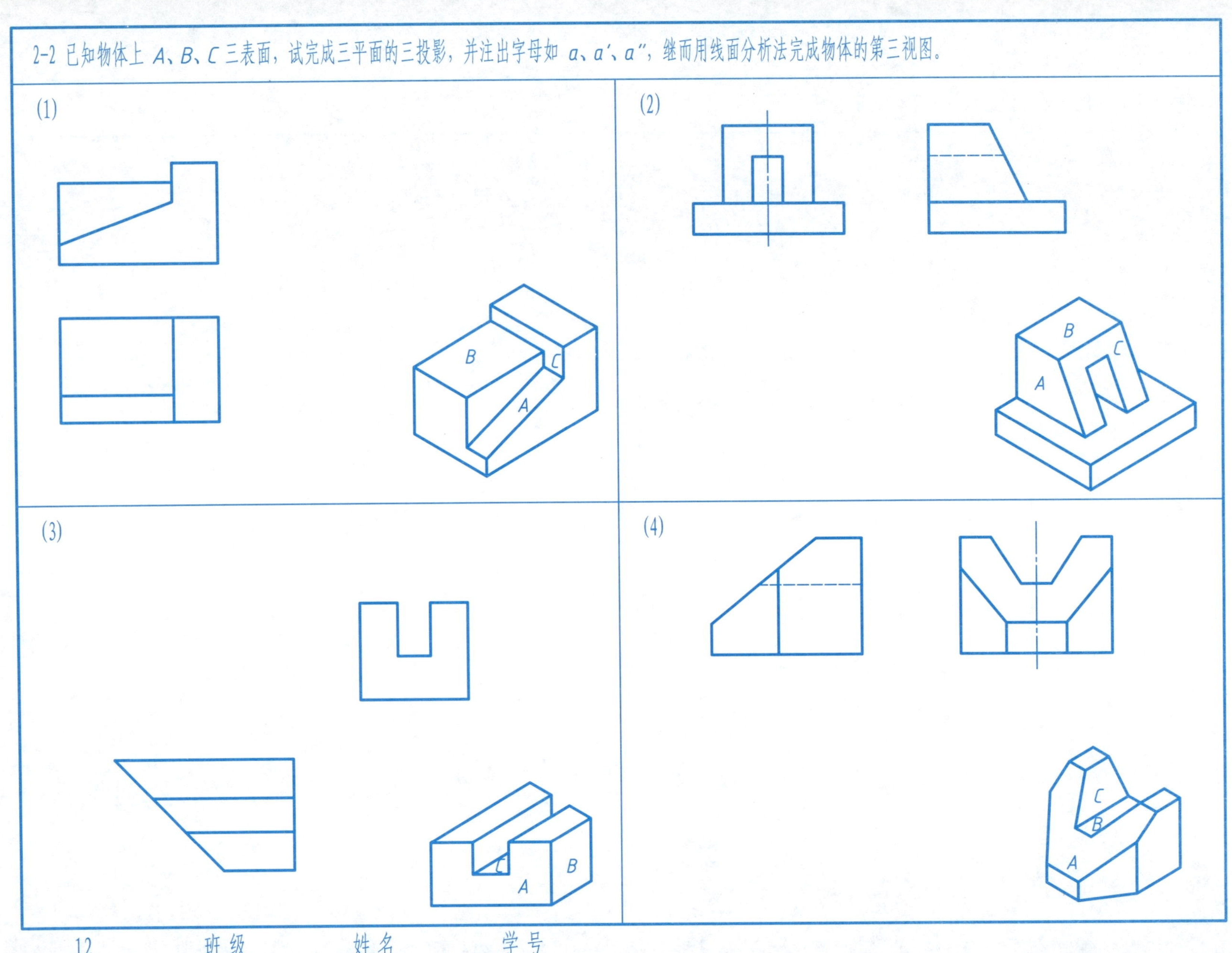

 班级 姓名 学号

2-3 根据物体的轴测图，用线面分析法求画其三视图（尺寸在图中量取，注意物体的对称性）。

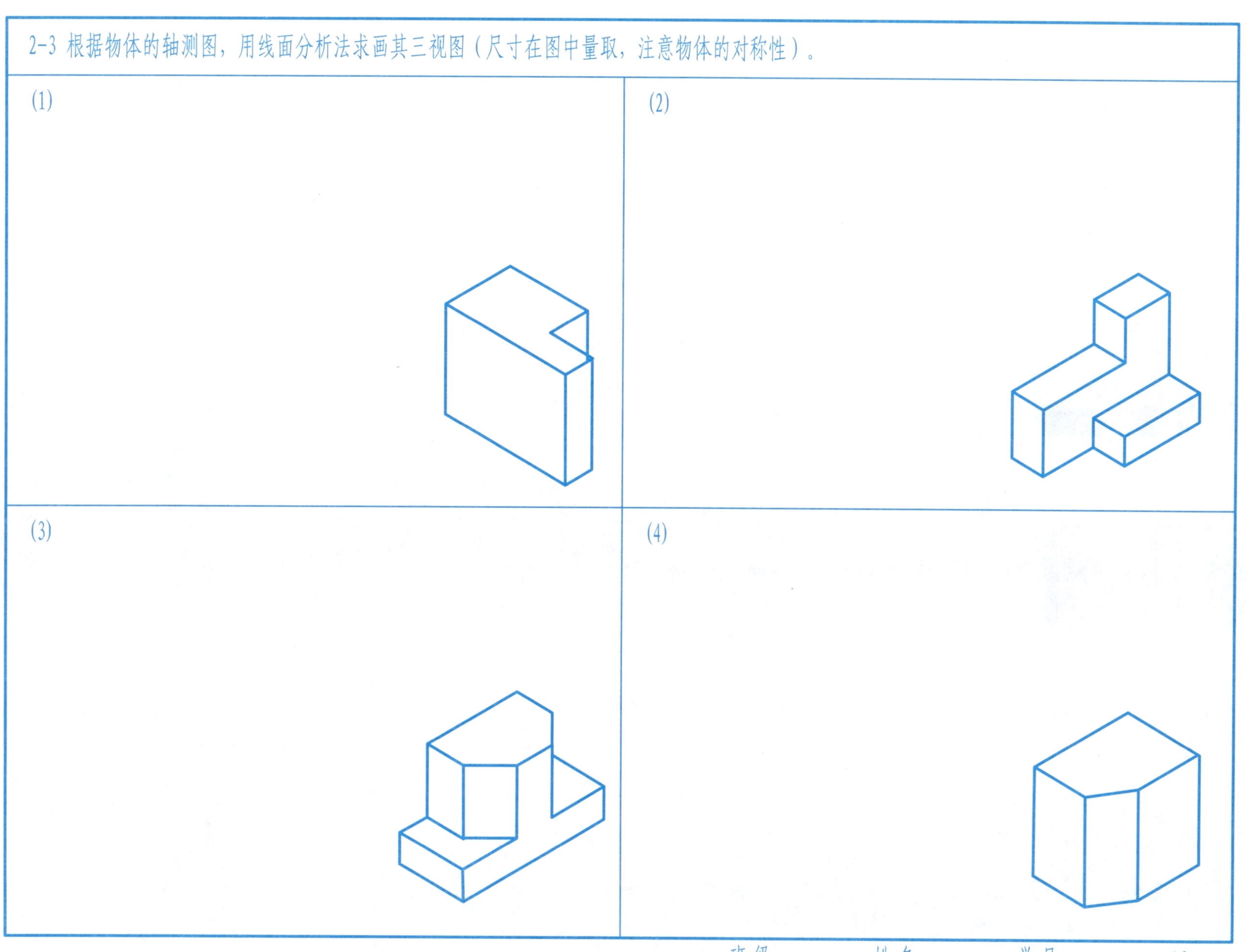

班级　　　姓名　　　学号

2-3 根据物体的轴测图，用线面分析法求画其三视图（尺寸在图中量取，注意物体的对称性）。

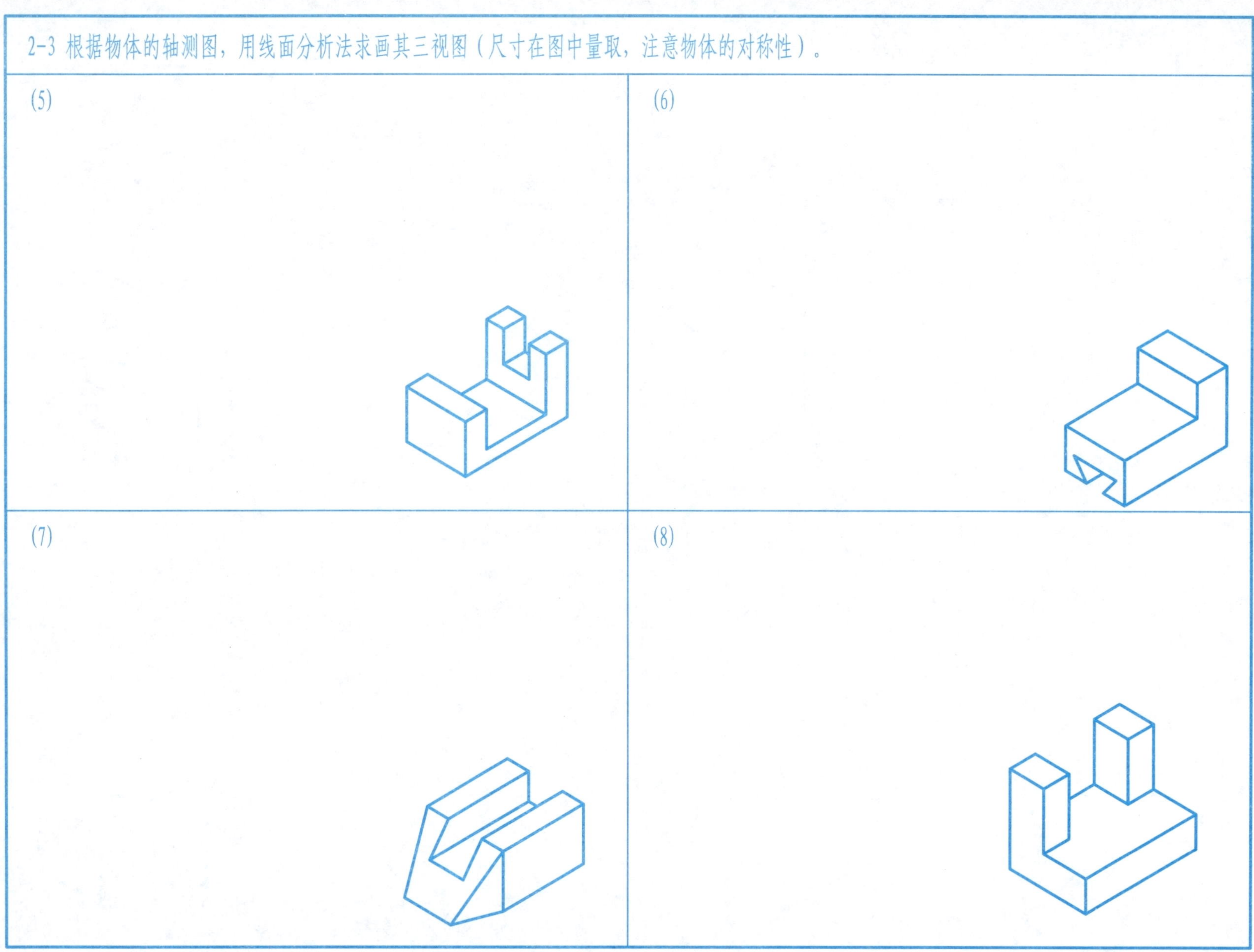

3-1 根据柱体的已知条件，补全柱体三视图（图中 L、H、B 为长度、高度、宽度方向的作图基准面）。

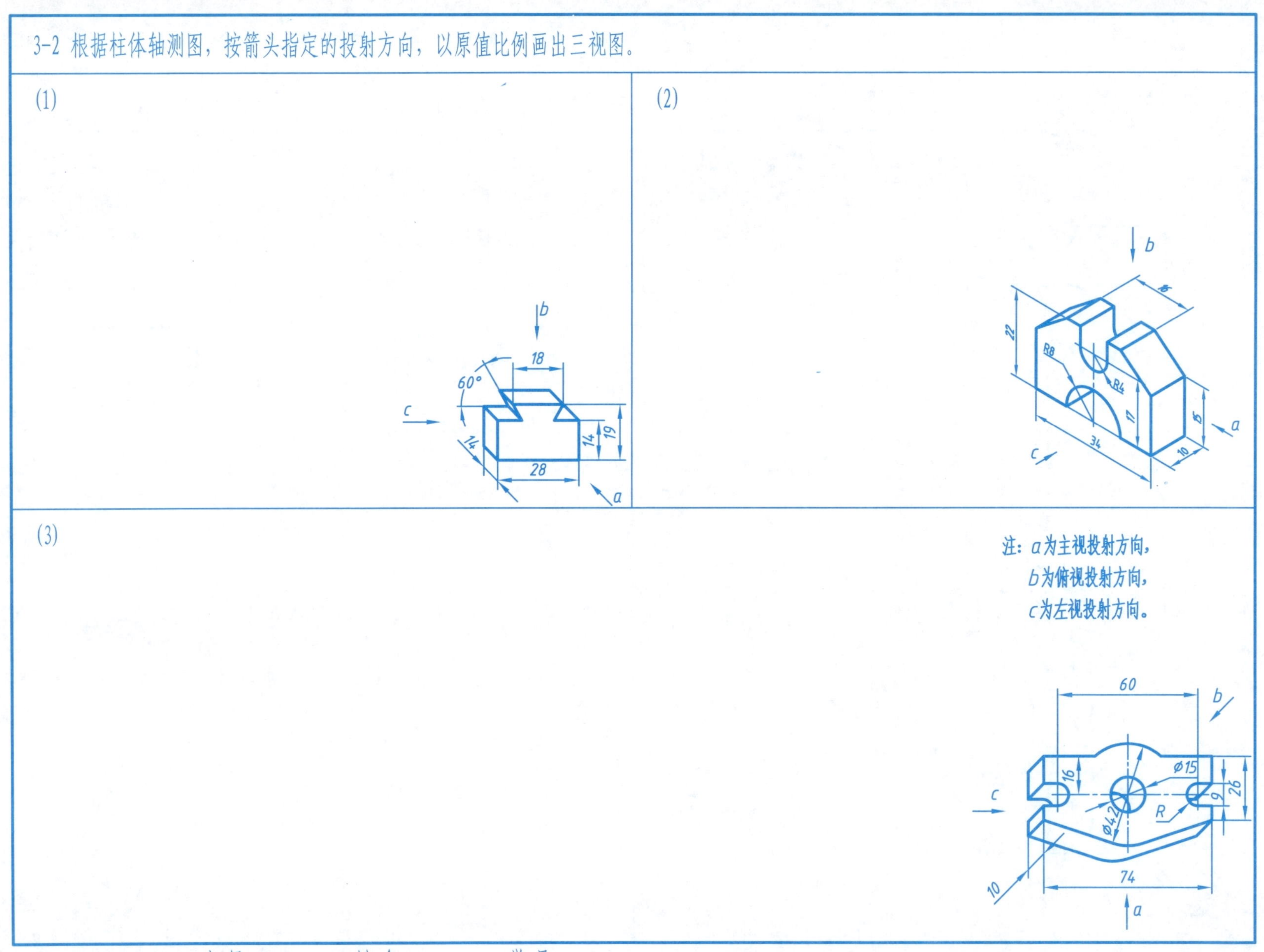
3-2 根据柱体轴测图，按箭头指定的投射方向，以原值比例画出三视图。
(1)
b
18
60°
c
14
14
19
28
a
(2)
b
16
22
R8
R4
17
15
a
34
10
c
(3)
注：a为主视投射方向，
b为俯视投射方向，
c为左视投射方向。
60
b
c
16
Ø15
26
9
R
Ø42
10
74
a

3-3 读懂柱体的已知视图，补全柱体三视图（补视图或补图线，图中 L、H、B 为长度、高度、宽度方向基准面）。

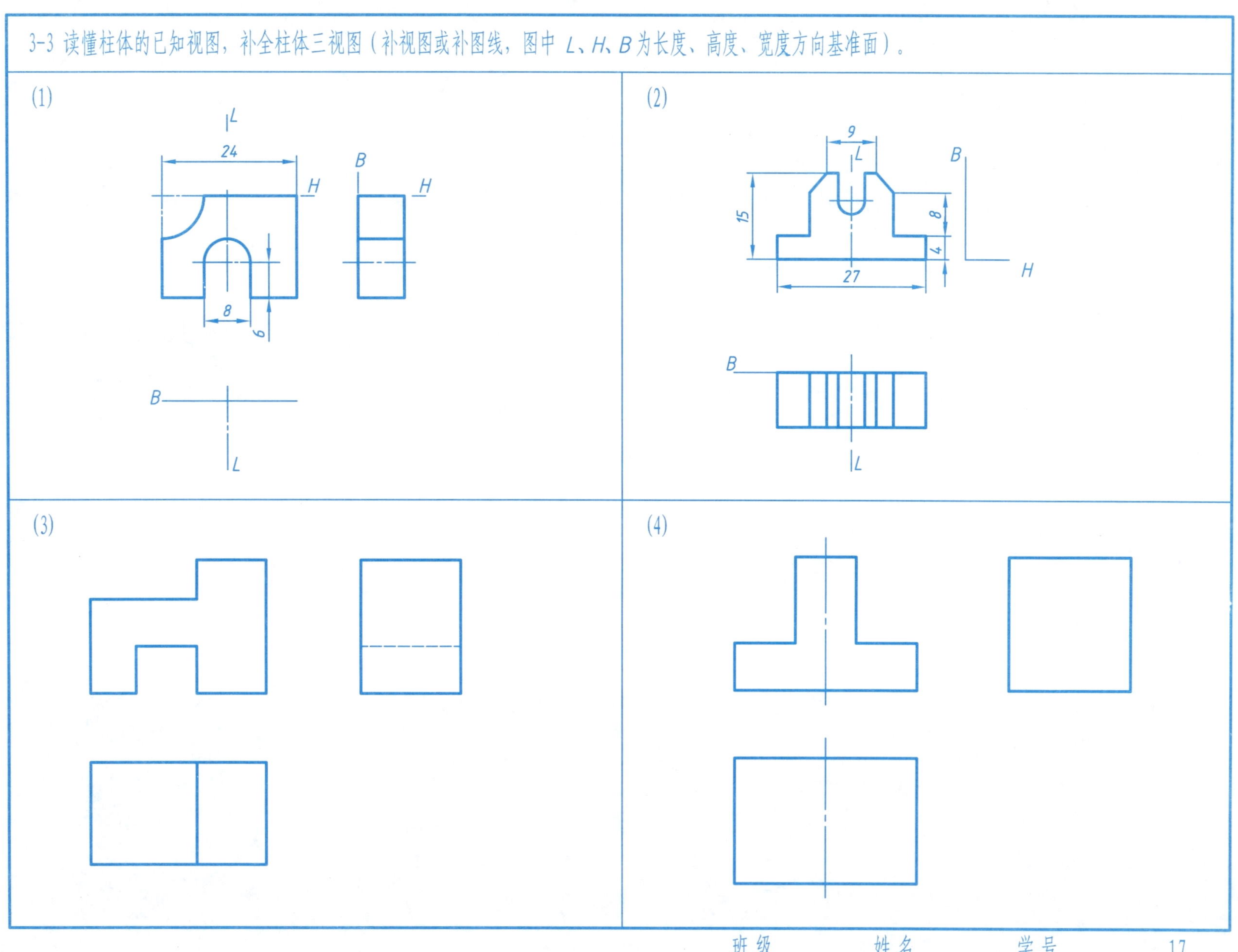

班级　　姓名　　学号

3-4 根据轴测图，用形体分析法画出组合体的三视图。

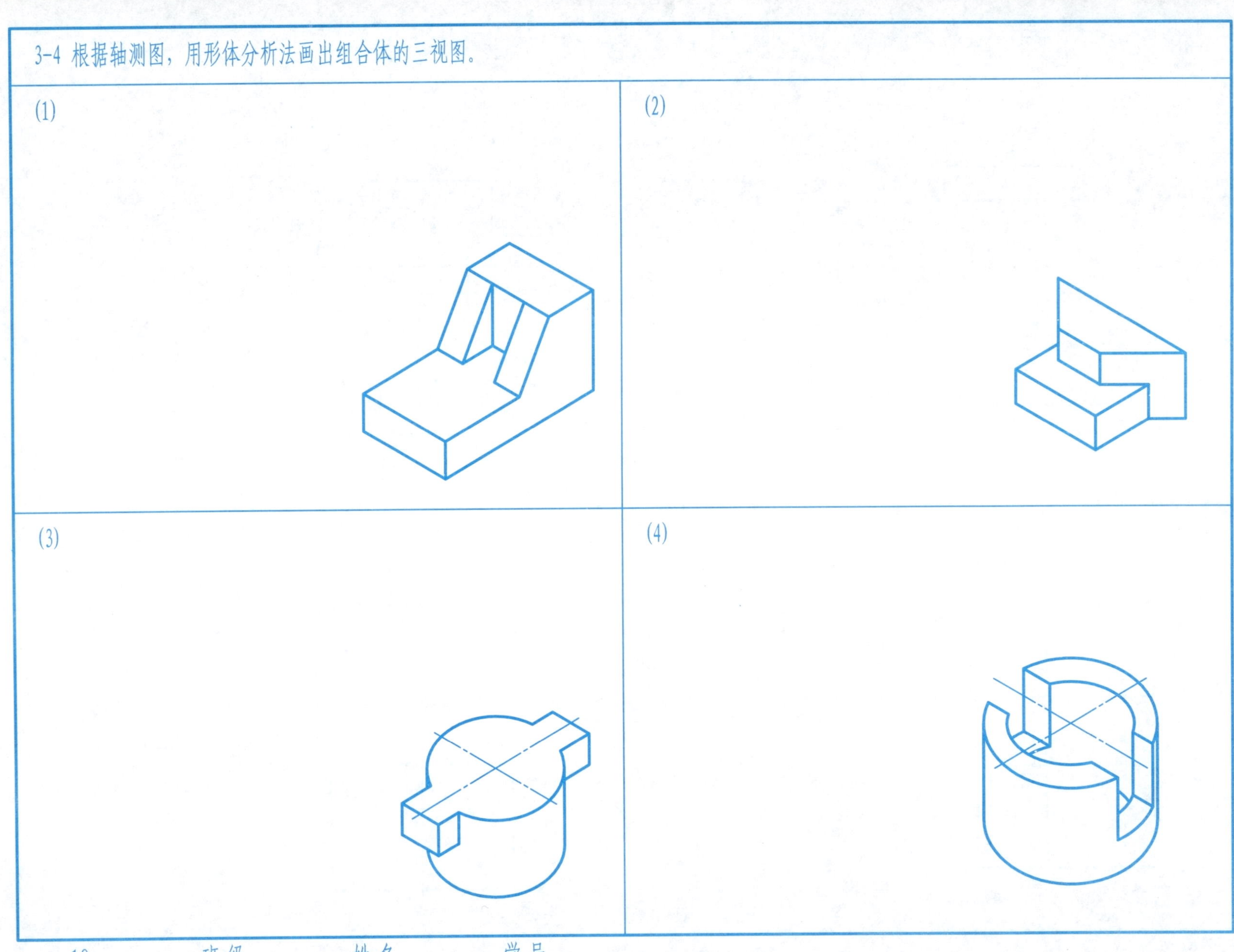

3-4 根据轴测图，用形体分析法画出组合体的三视图。

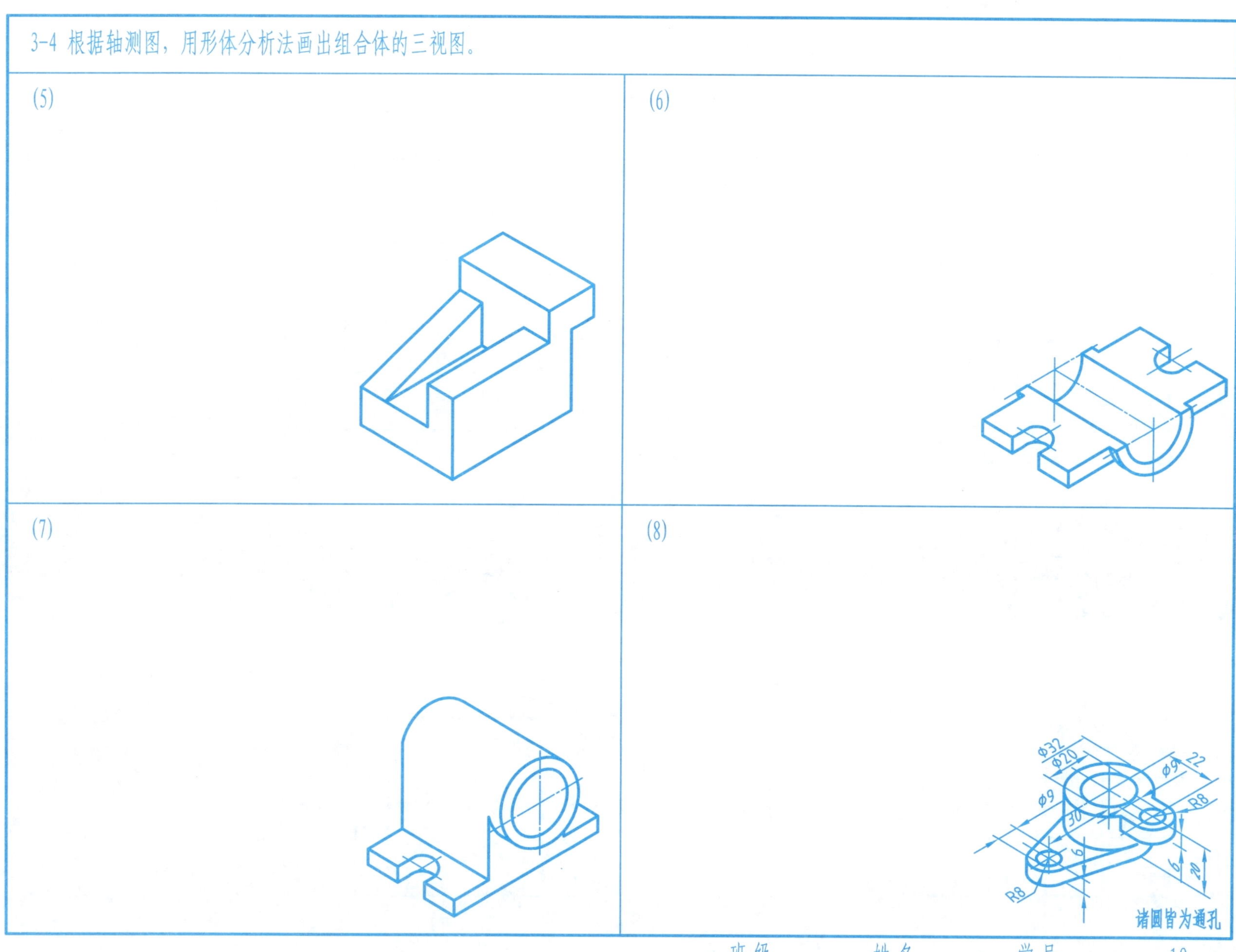

3-5 用形体分析法（知一、找二、求三）读懂组合体的两视图，补画第三视图。

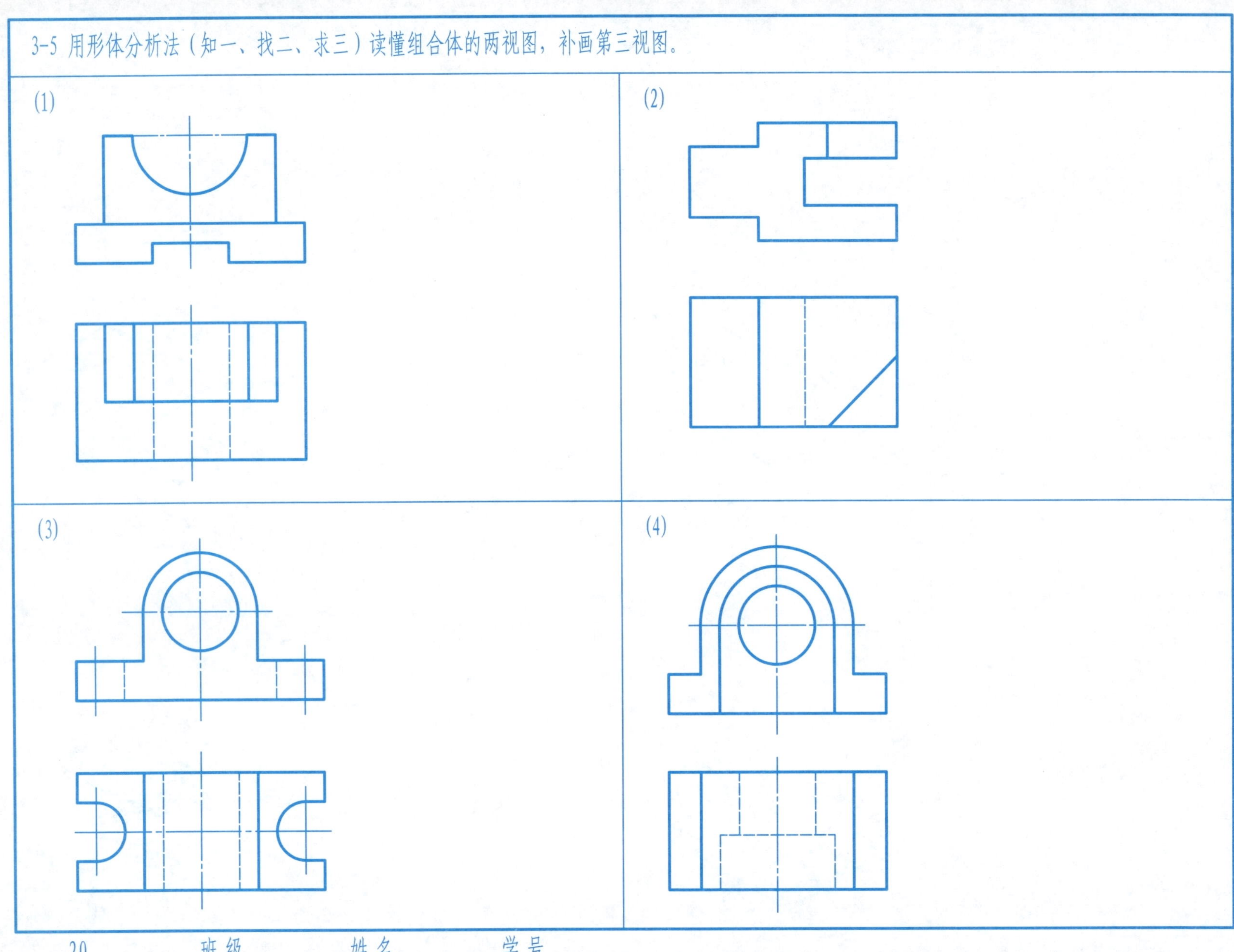

 班级 姓名 学号

3-5 用形体分析法（知一、找二、求三）读懂组合体的两视图，补画第三视图。

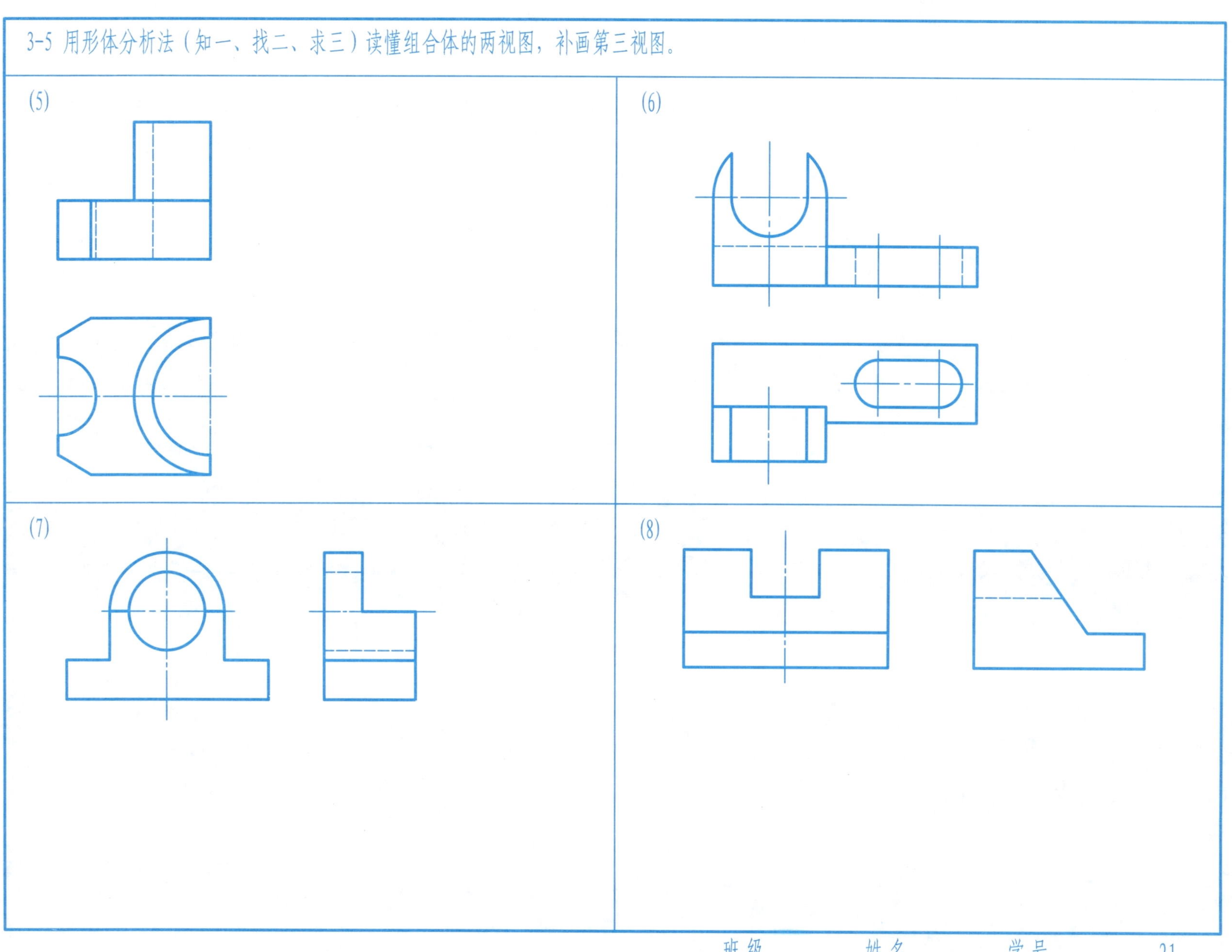

3-5 用形体分析法（知一、找二、求三）读懂组合体的两视图，补画第三视图。

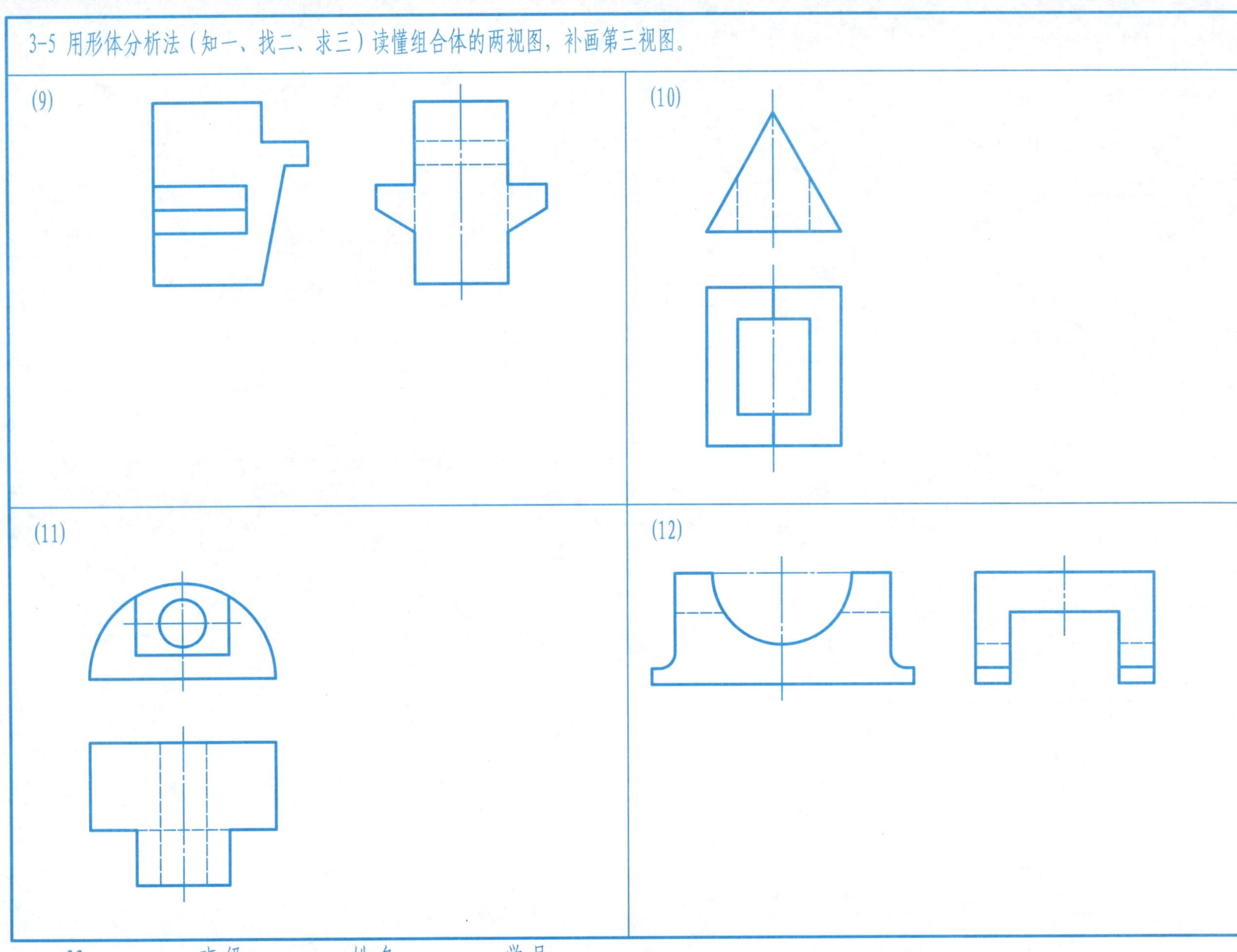

 班级 姓名 学号

3-6 用形体分析法（知一、找二、求三）读懂组合体的三视图，补画组合体视图中所缺的图线。

3-6 用形体分析法（知一、找二、求三）读懂组合体的三视图，补画组合体视图中所缺的图线。

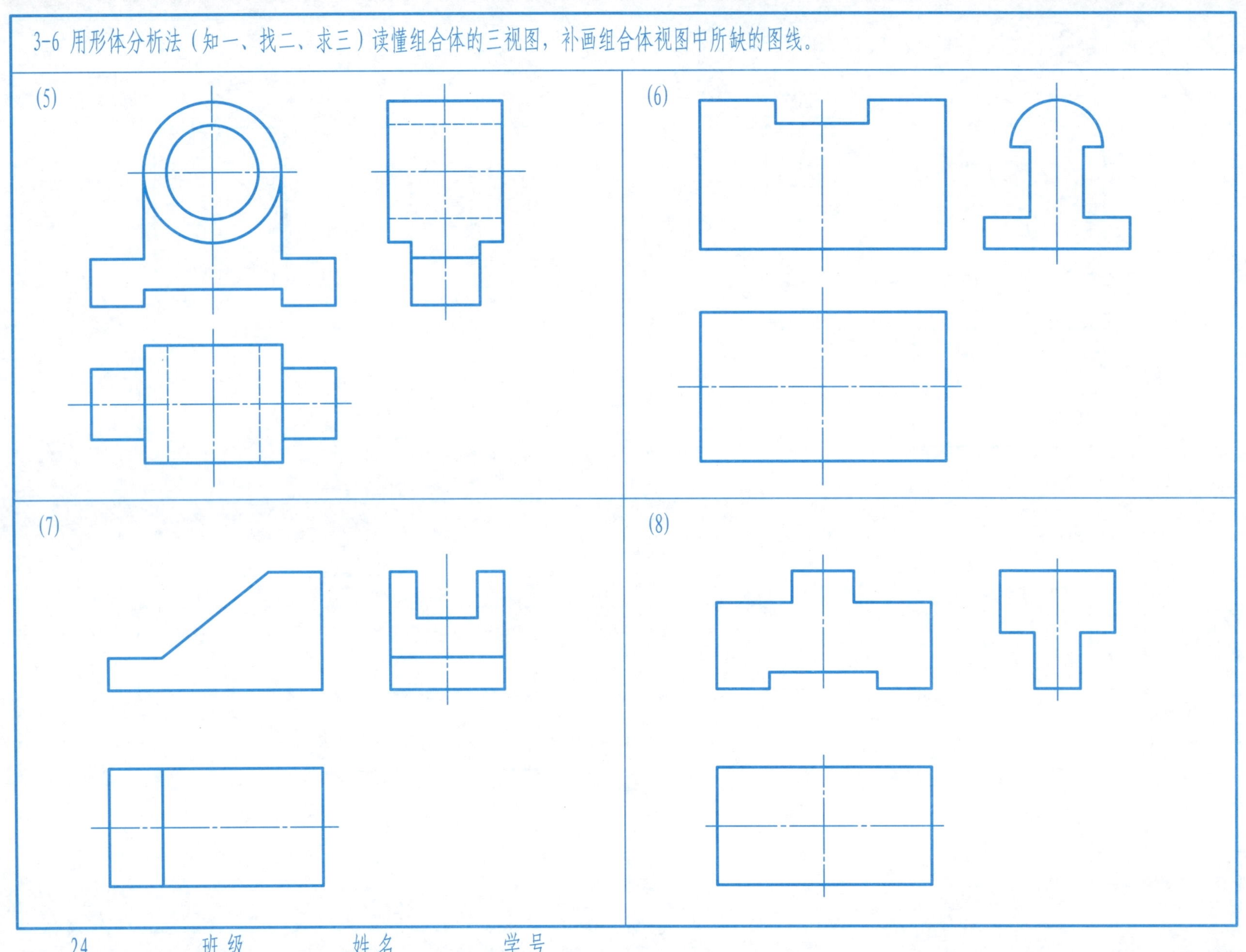

3-7 用形体分析法（知一、找二、求三）读懂组合体的两视图，补画第三视图。

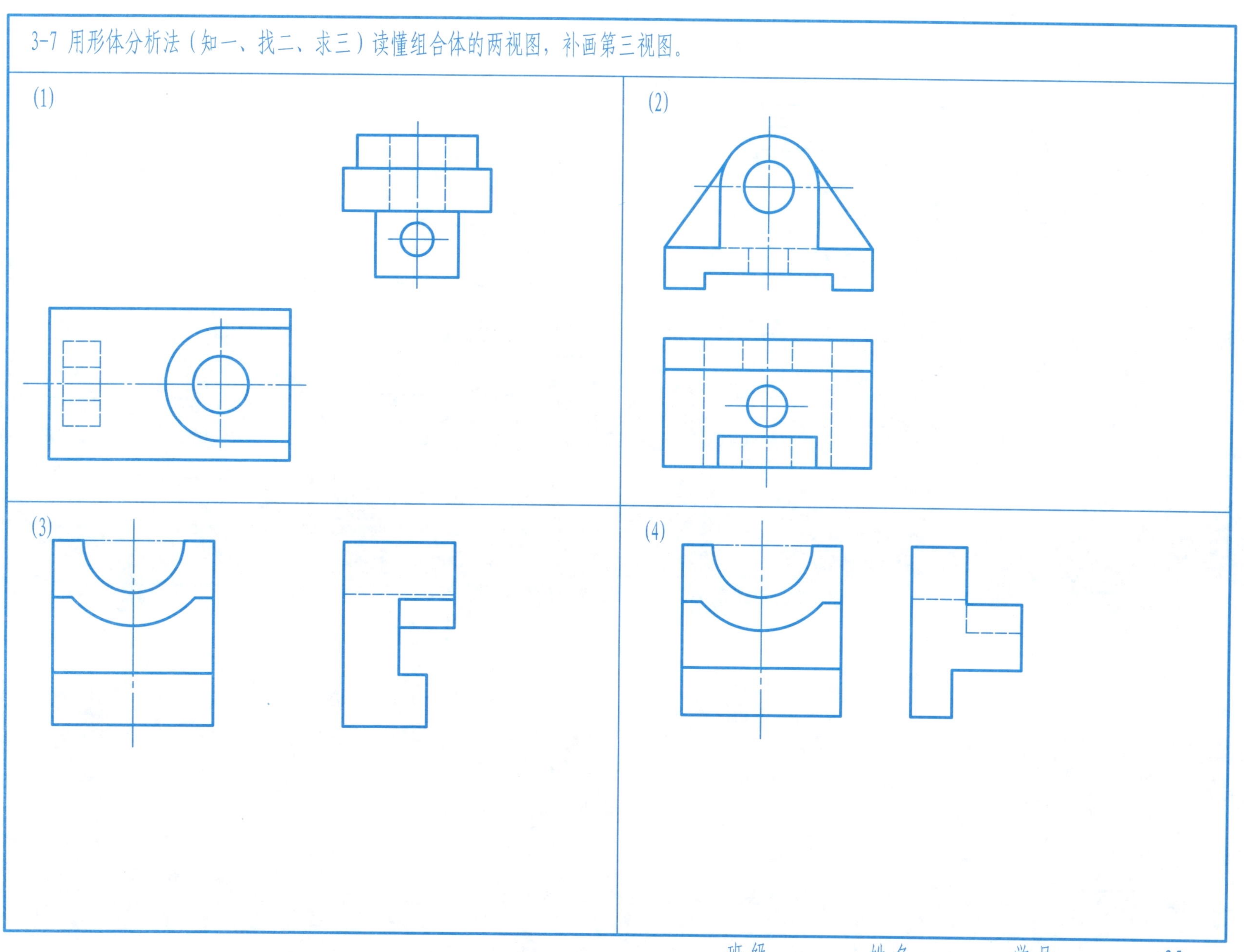

3-7 用形体分析法（知一、找二、求三）读懂组合体的两视图，补画第三视图。

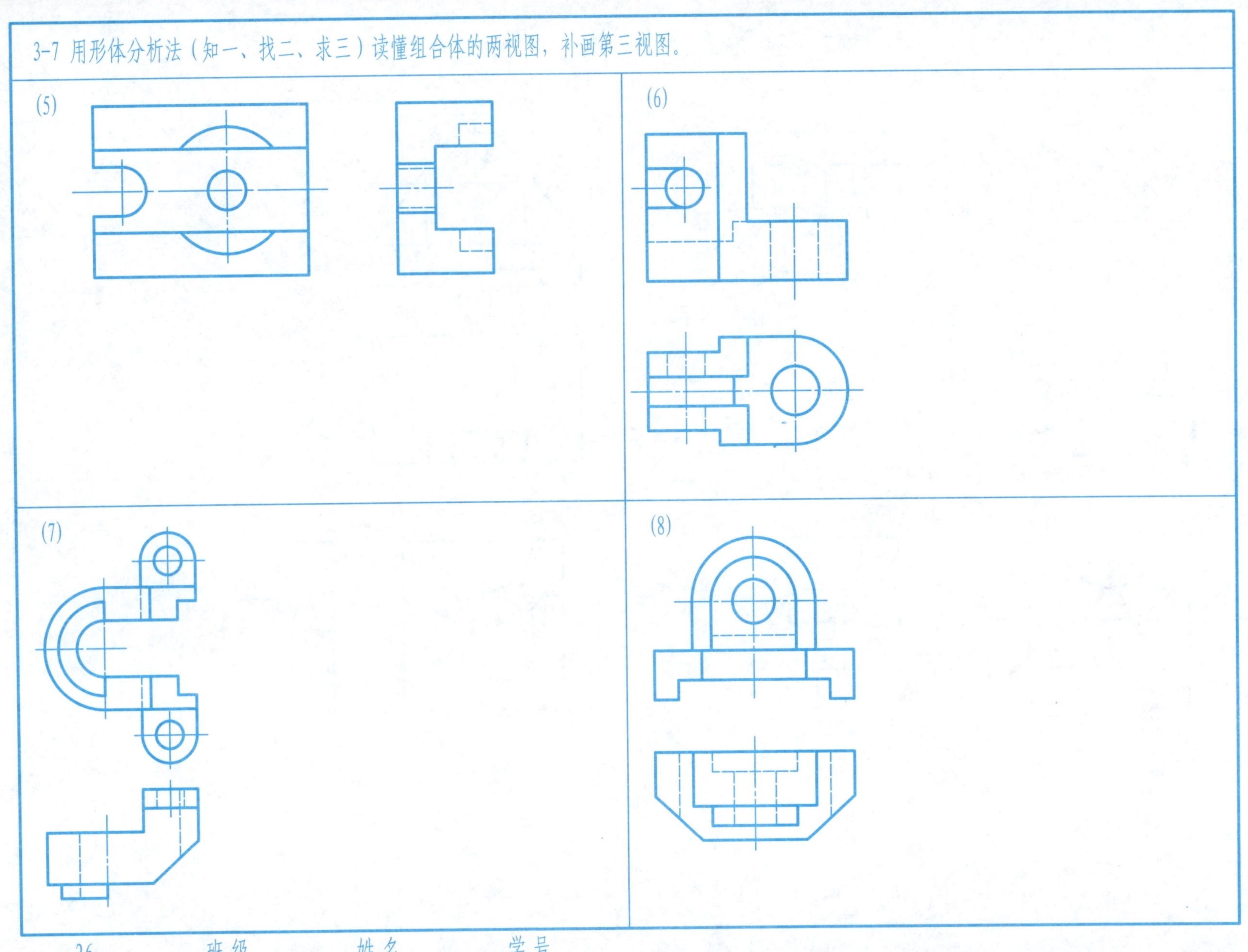

 班级　　姓名　　学号

3-8 用线面分析法（知一、找二、求三）读懂组合体的两视图，补画第三视图。

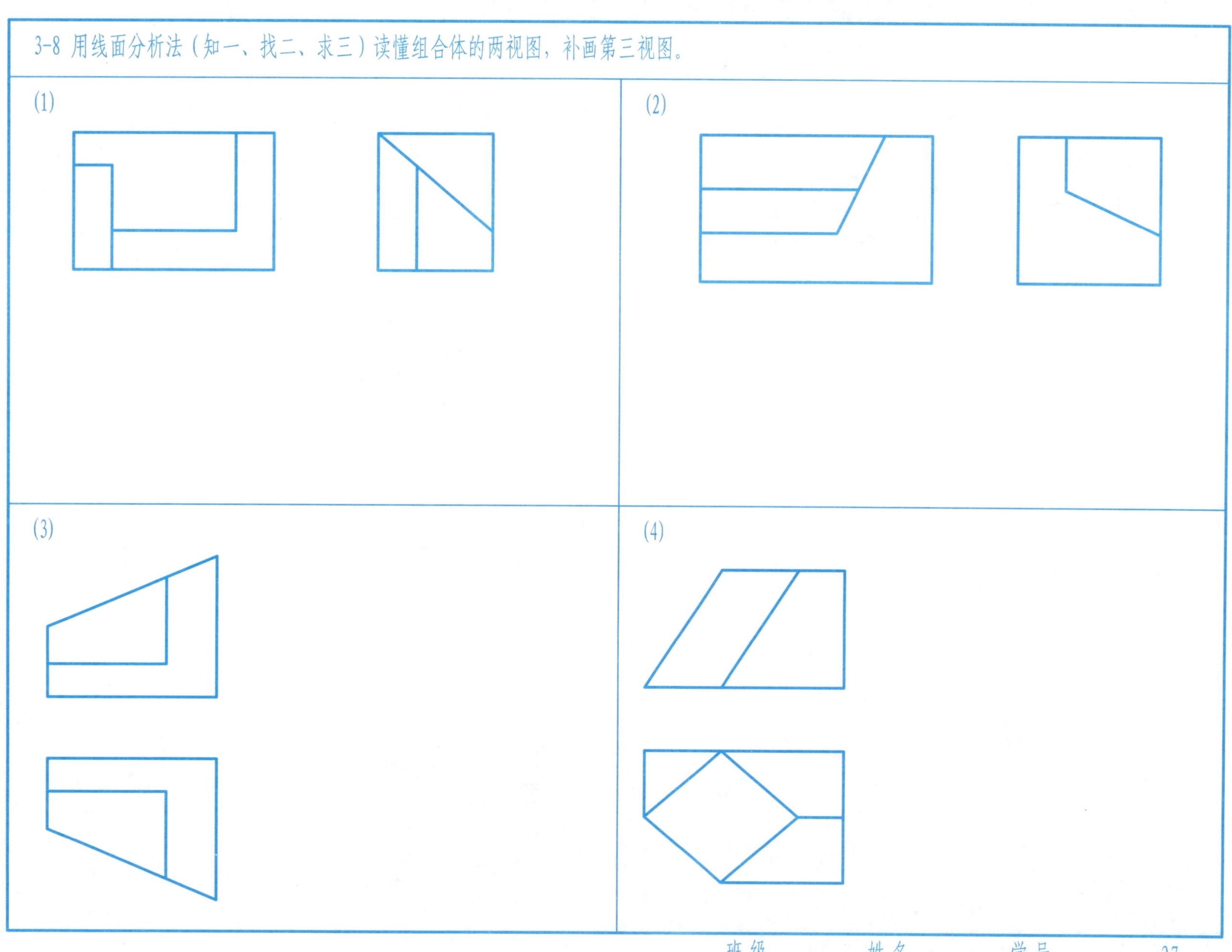

3-8 用线面分析法（知一、找二、求三）读懂组合体的两视图，补画第三视图。

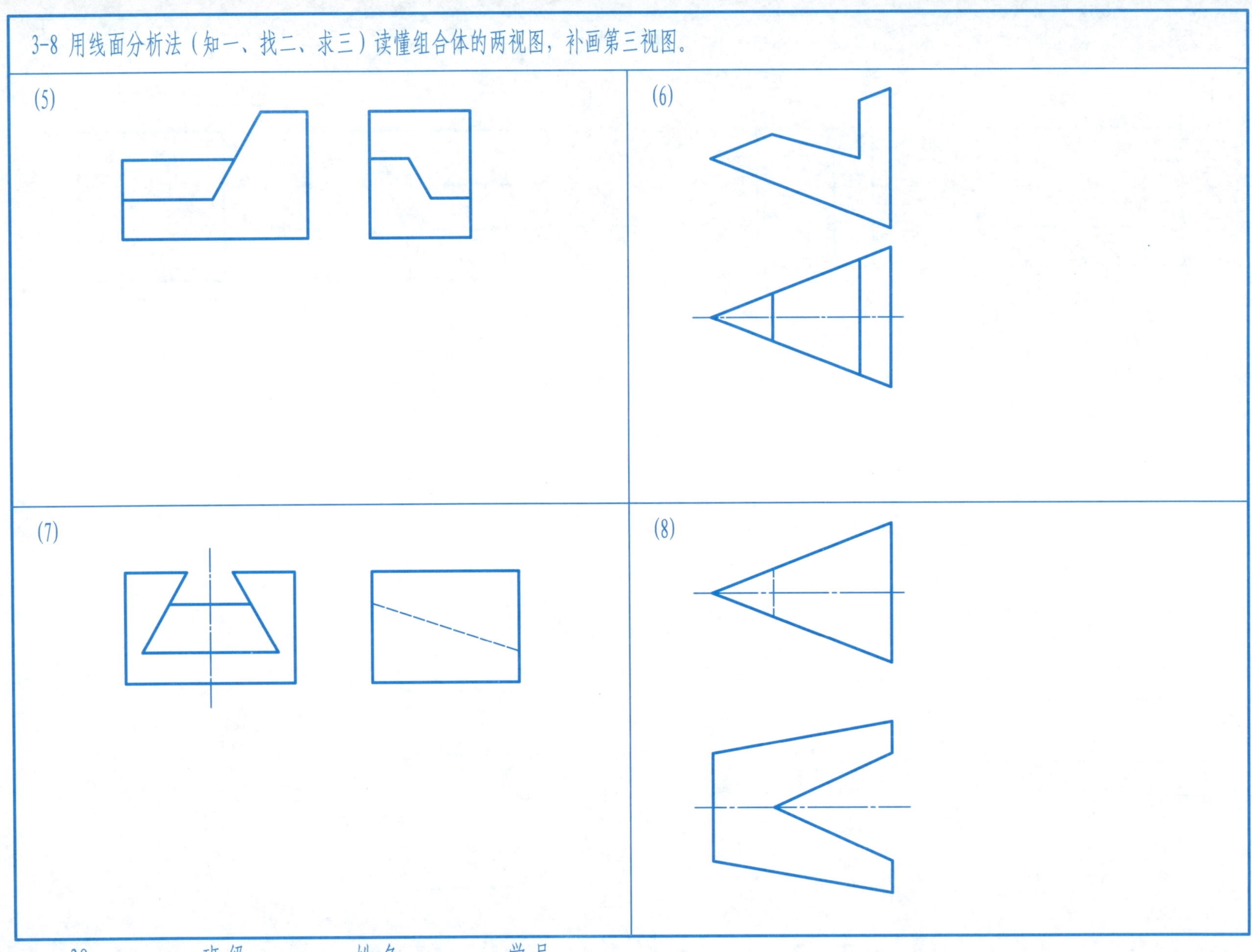

3-8 用线面分析法（知一、找二、求三）读懂组合体的两视图，补画第三视图。

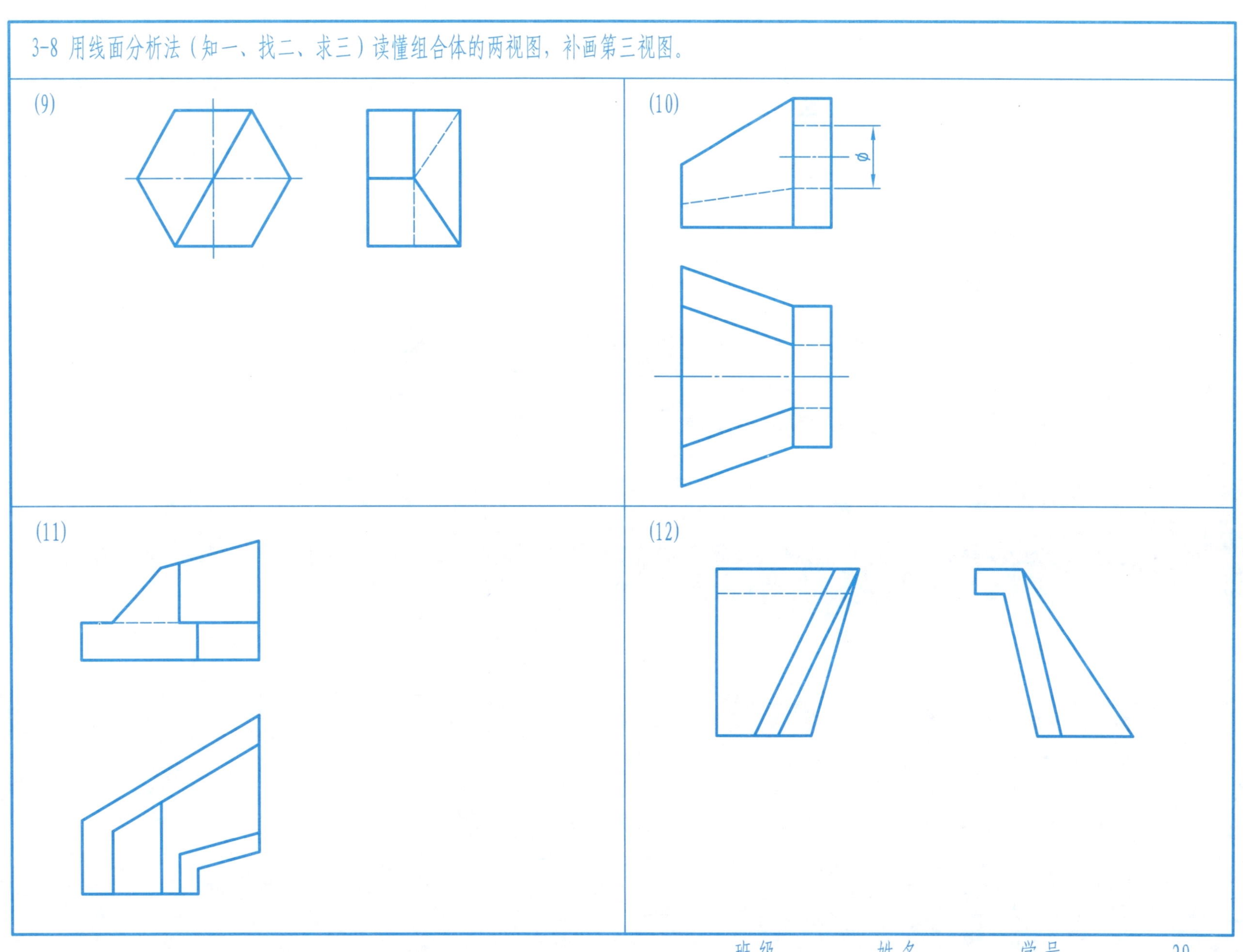

3-9 用线面分析法（知一、找二、求三）读懂组合体的三视图，补画视图中所缺的线。

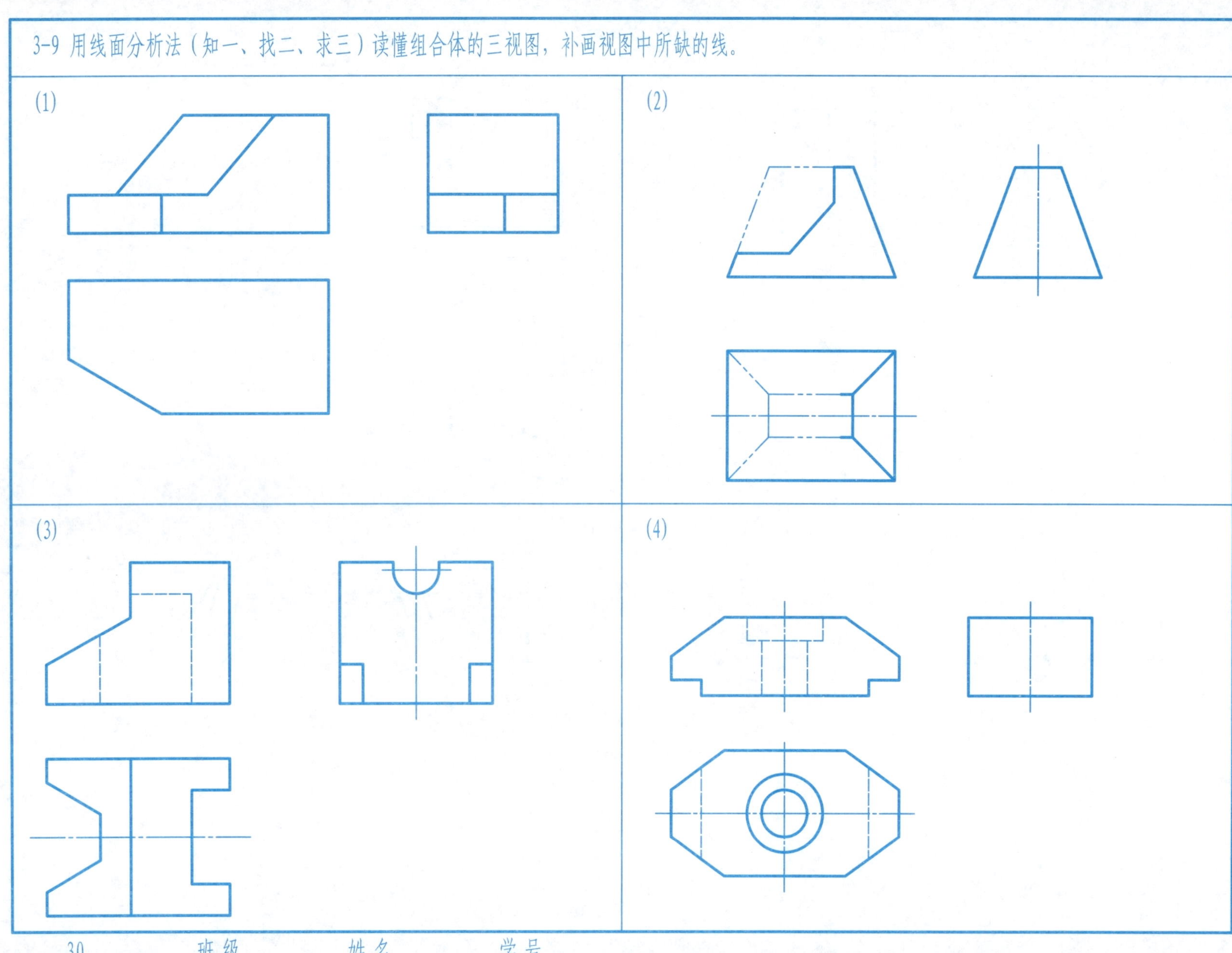

第4章 锥台体、旋转体与组合体

4-1 根据锥台体的两视图或一个视图和尺寸，参考轴测图，完成其三视图。

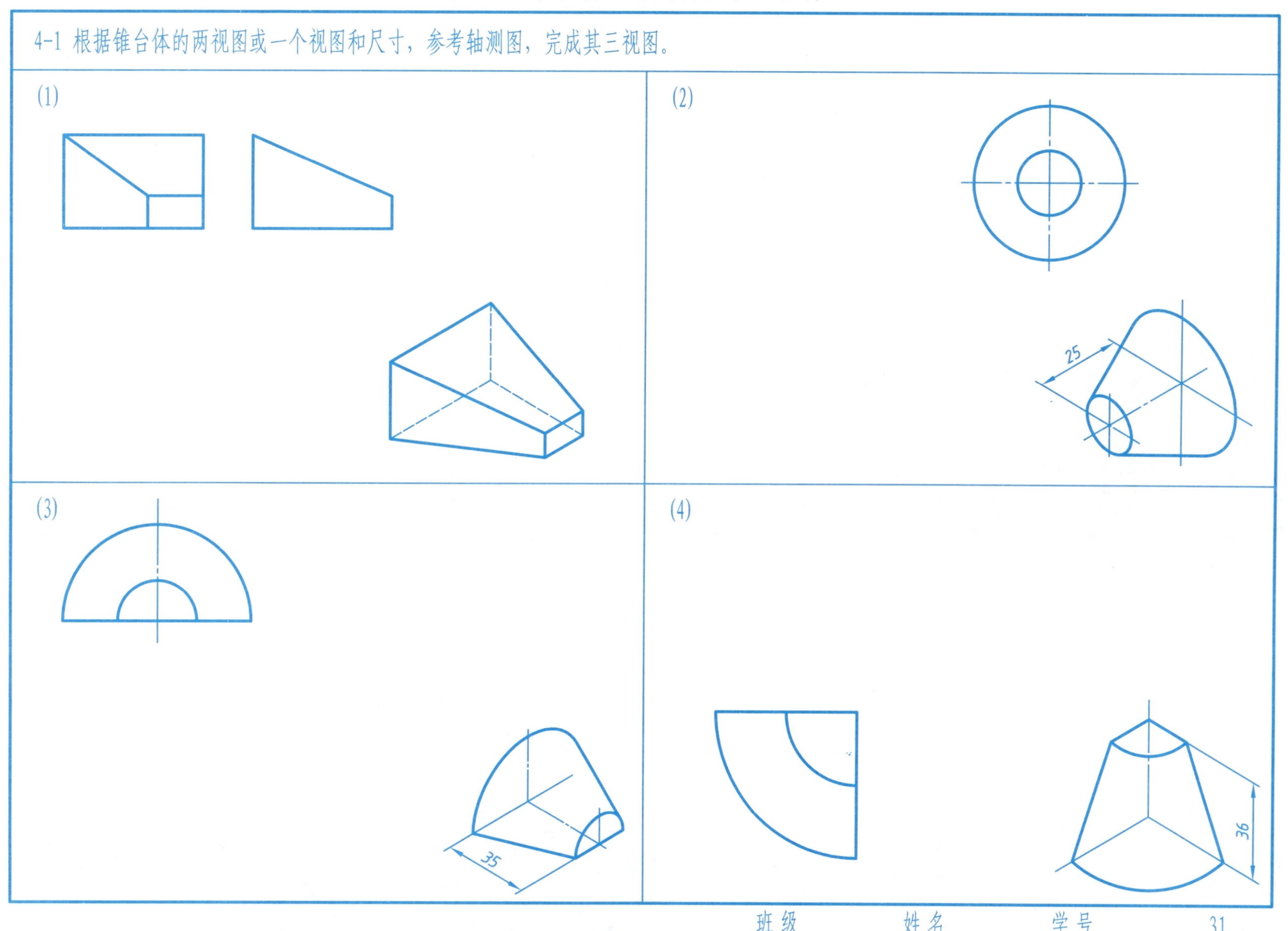

4-2 读懂（知一、找二、求三）锥台体的两视图，补画第三视图。

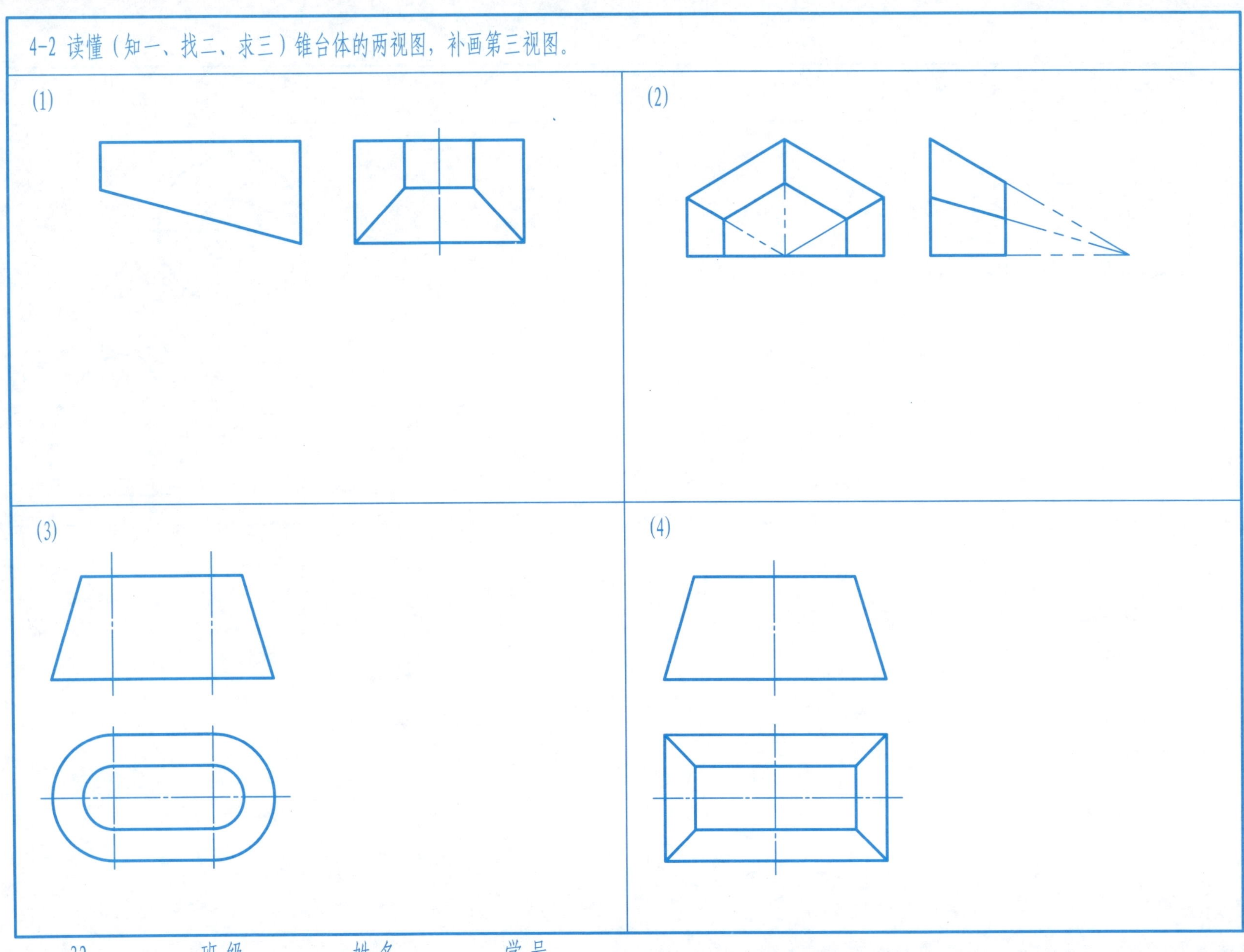

4-3 用形体分析法（知一、找二、求三）读懂组合体的两视图，补画第三视图。

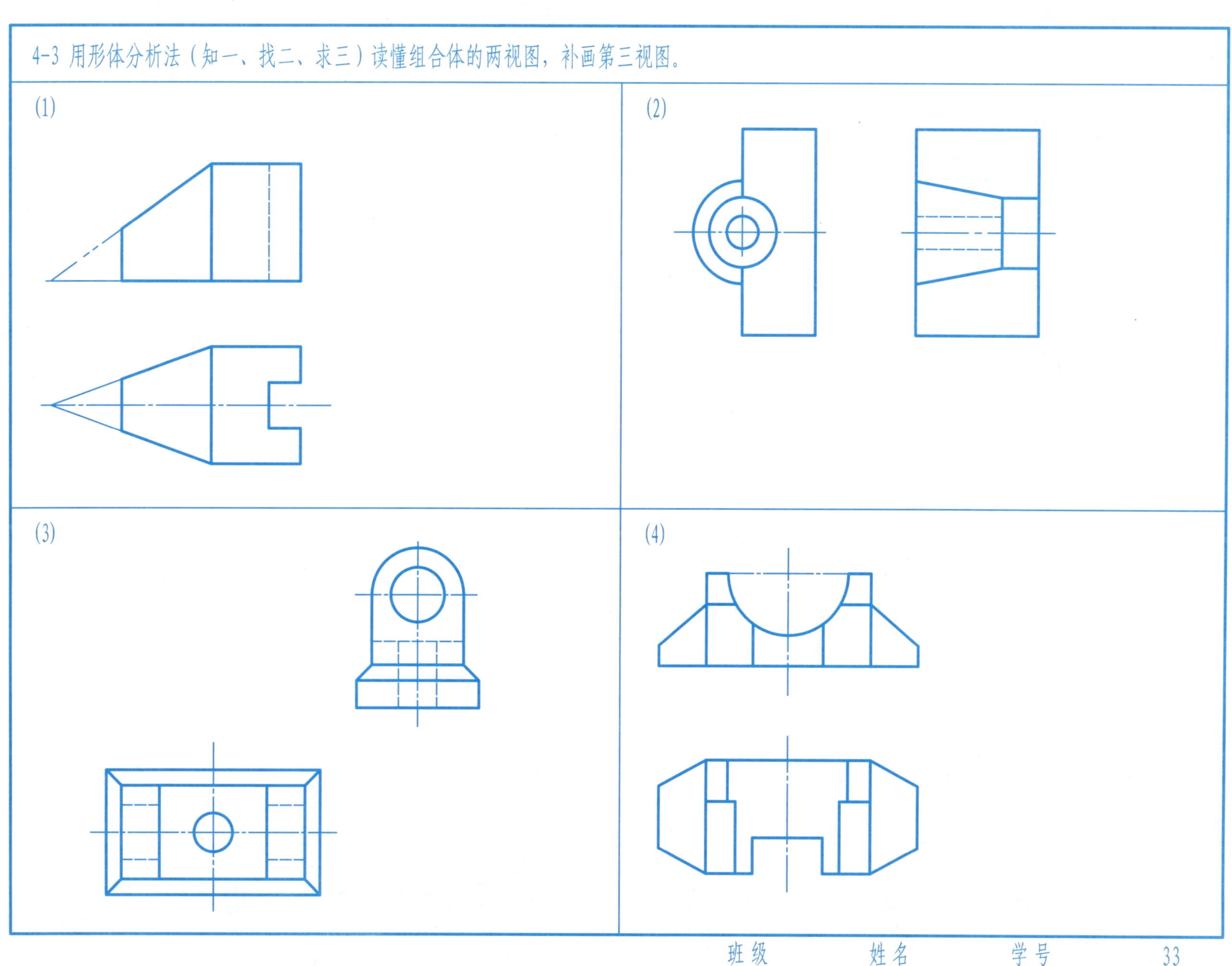

4-4 用形体分析法（知一、找二、求三）读懂组合体的三视图，补画组合体视图中所缺的线。

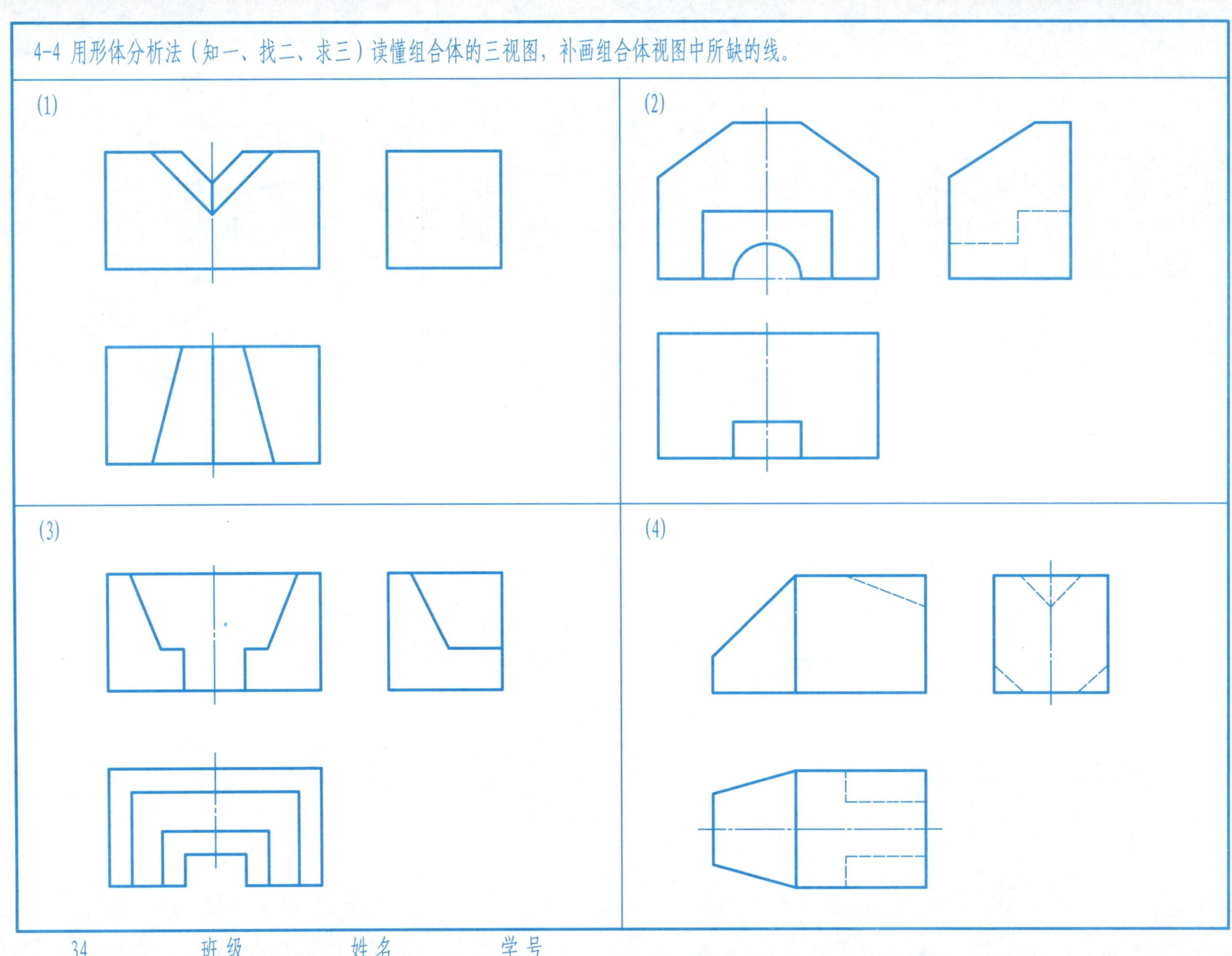

4-5 根据母面真形图与旋转轴线，参照轴测图，完成下列旋转体的三视图。

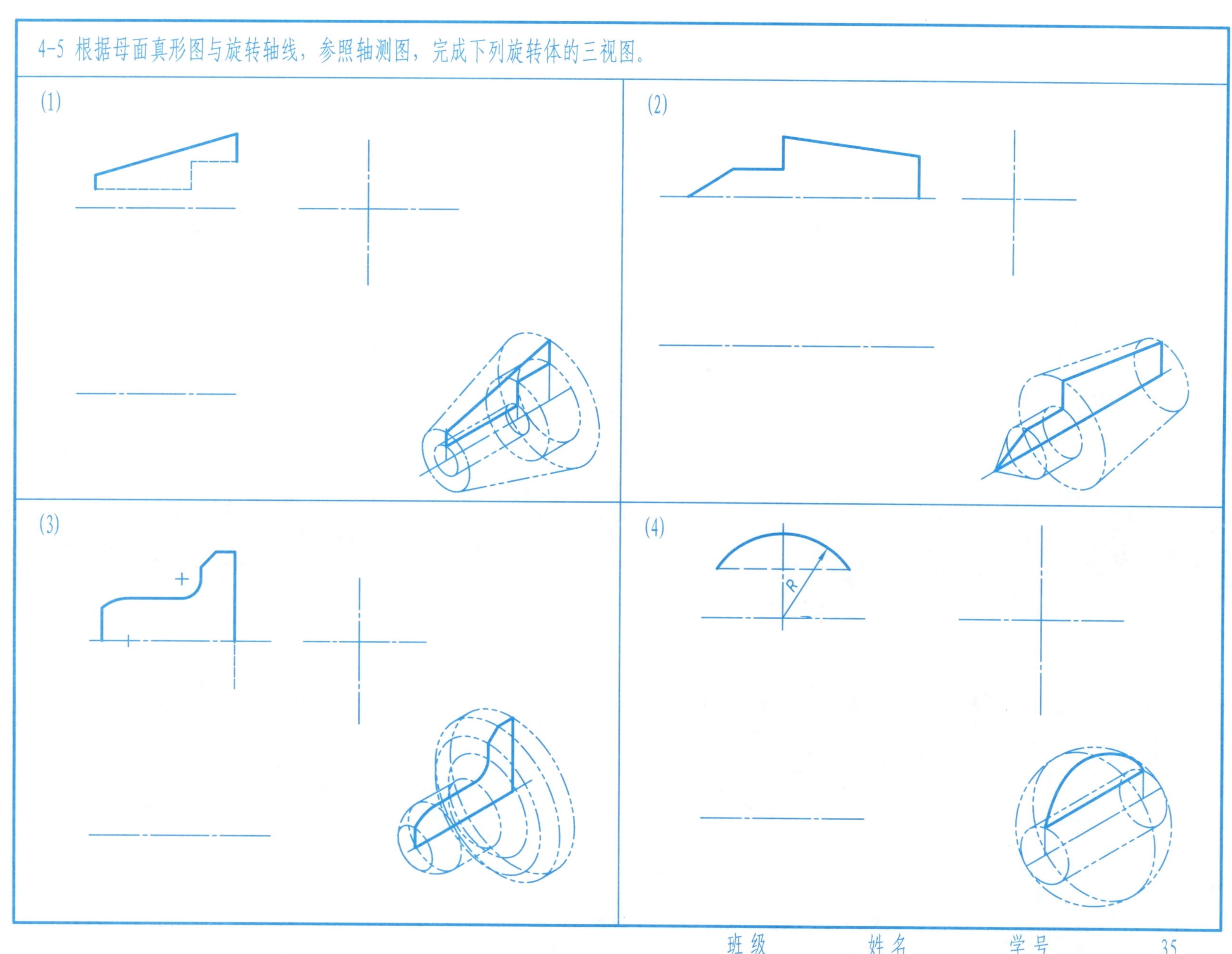

4-6 读懂（知一、找二）旋转体的两视图，补画旋转体视图中所缺的图线。

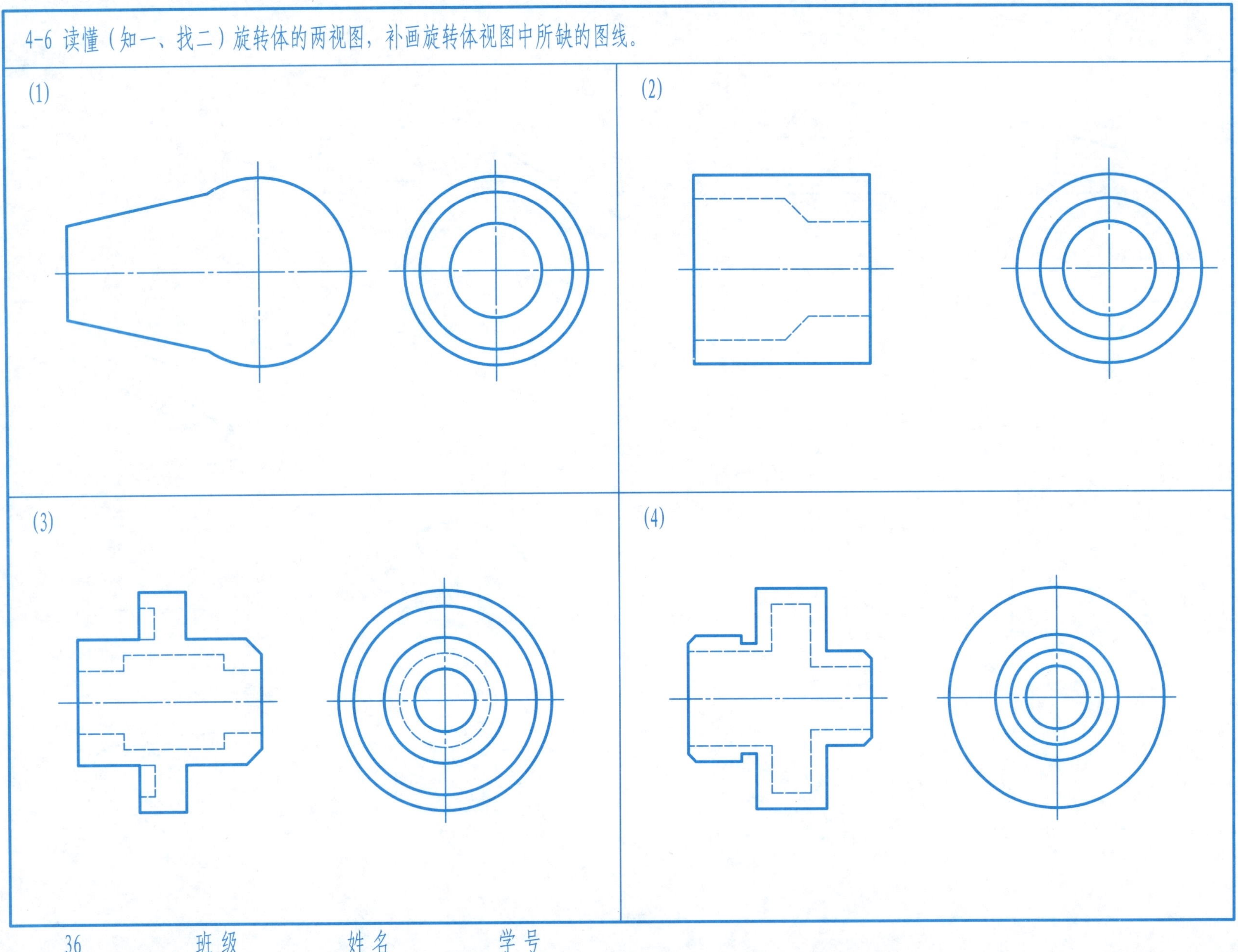

4-7 用形体分析法（知一、找二、求三）读懂组合体的两视图，补画第三视图。

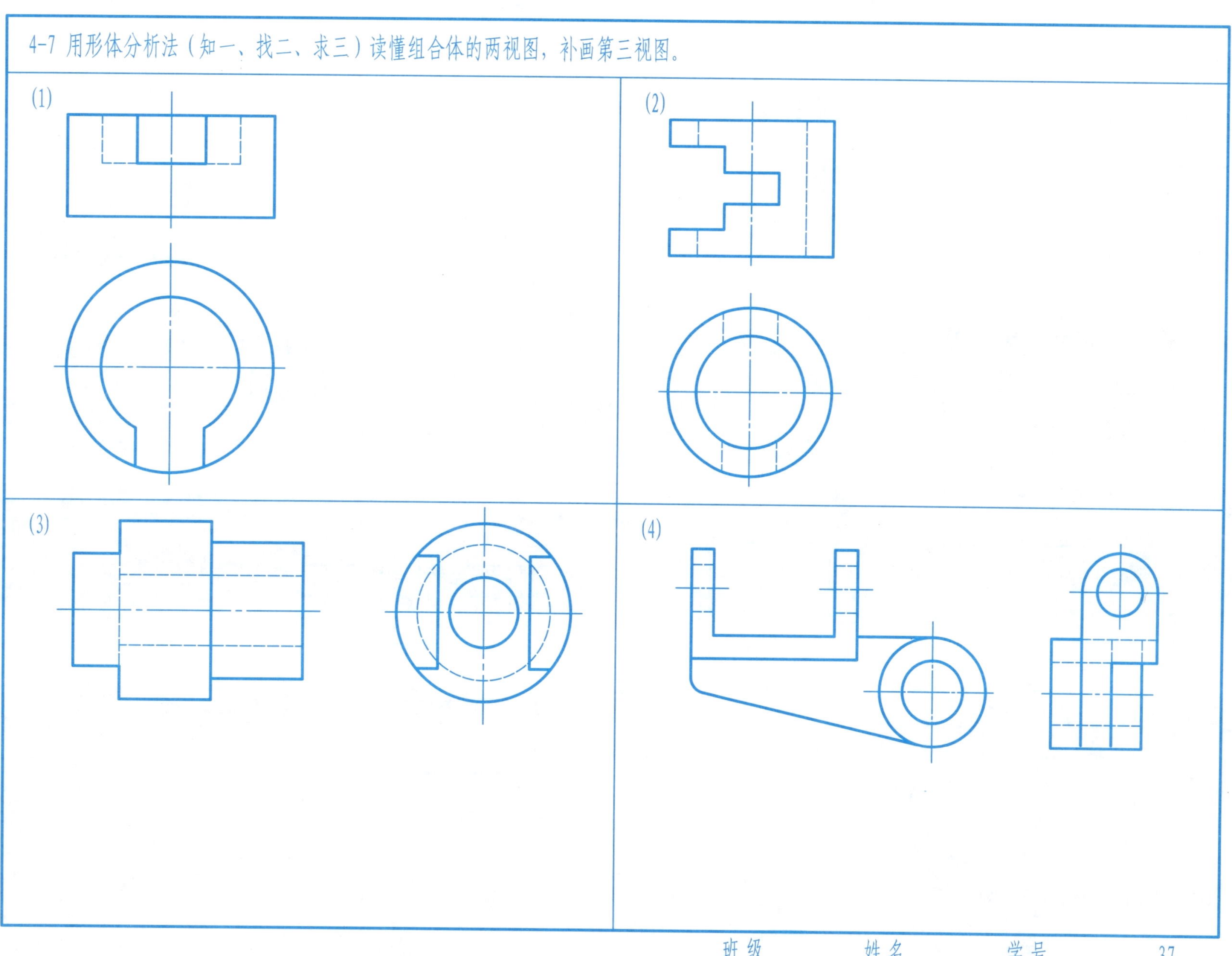

4-8 用形体分析法（知一、找二、求三）读懂组合体的三视图，补画组合体视图中所缺的线。

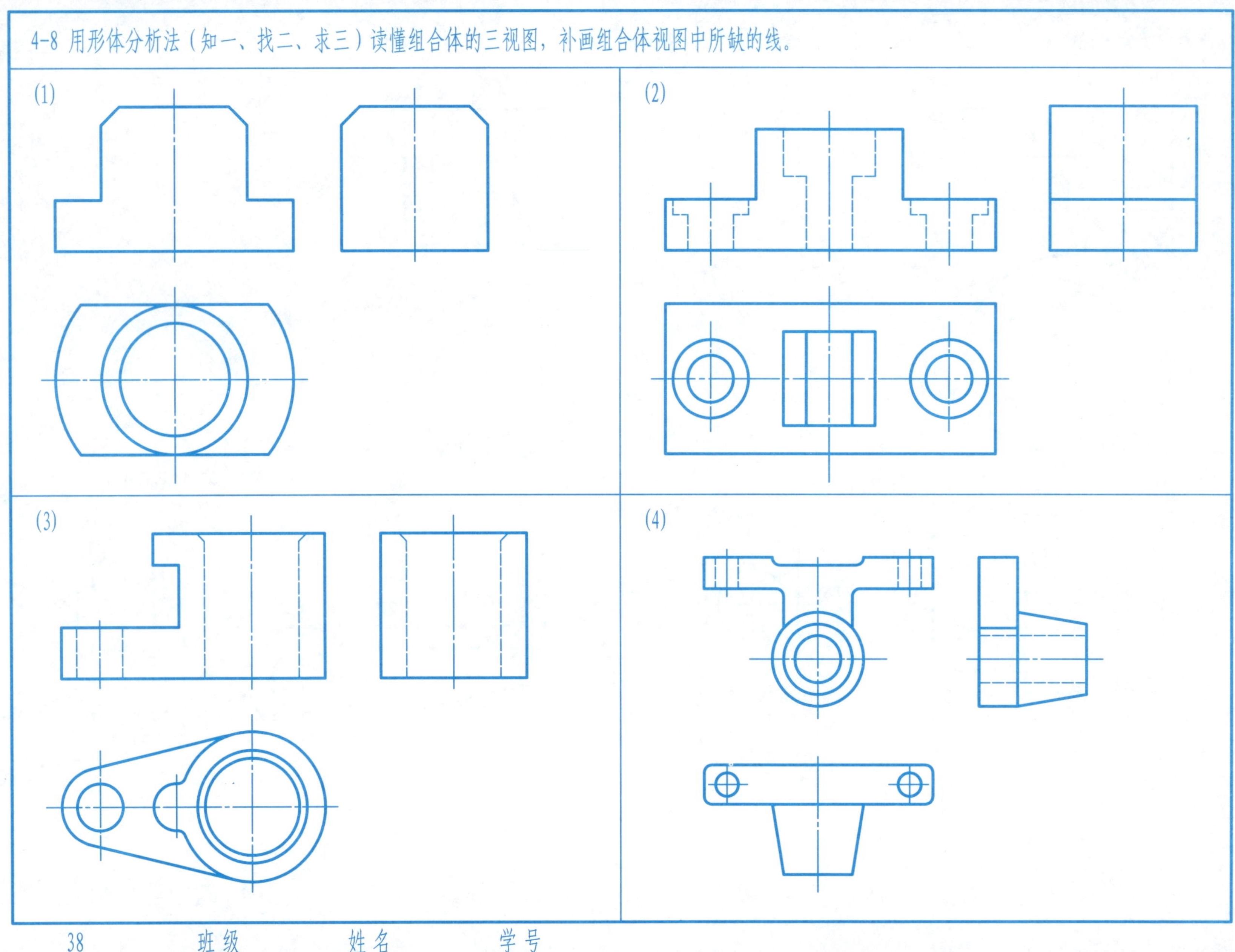

4-9 用形体分析法（知一、找二、求三）读懂组合体的视图和尺寸，补齐组合体所缺的尺寸（尺寸在图中量取）。

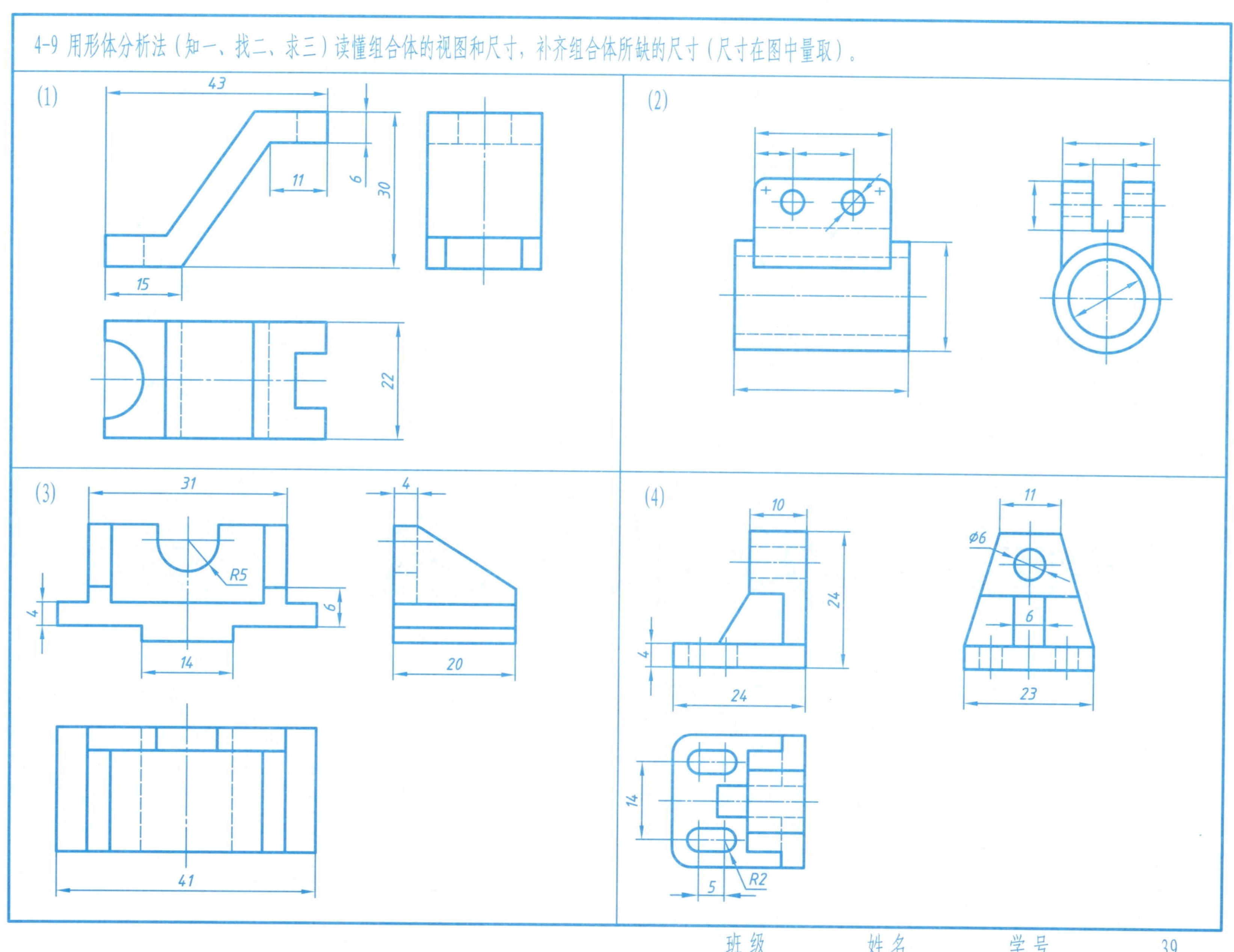

班级　　姓名　　学号

4-10 用形体分析法（知一、找二、求三）读懂组合体的两视图，注出组合体的完整尺寸（尺寸在图中量取）。

(1)

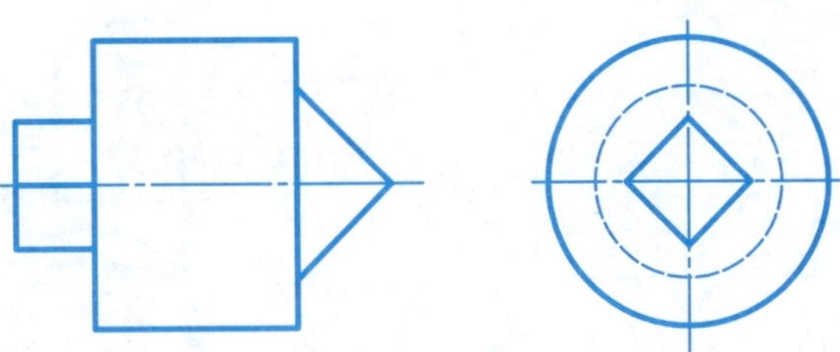

(2)

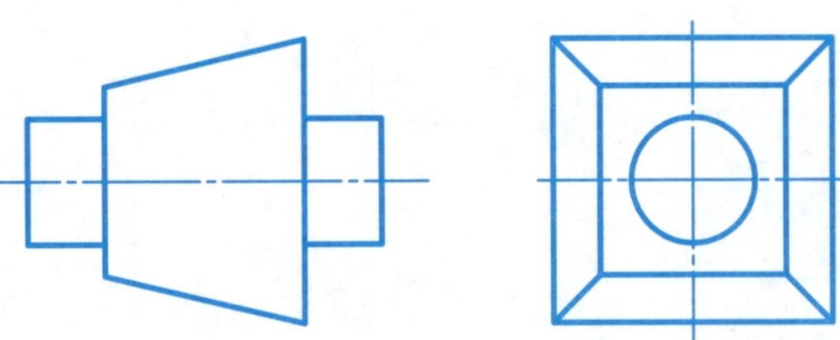

(3)

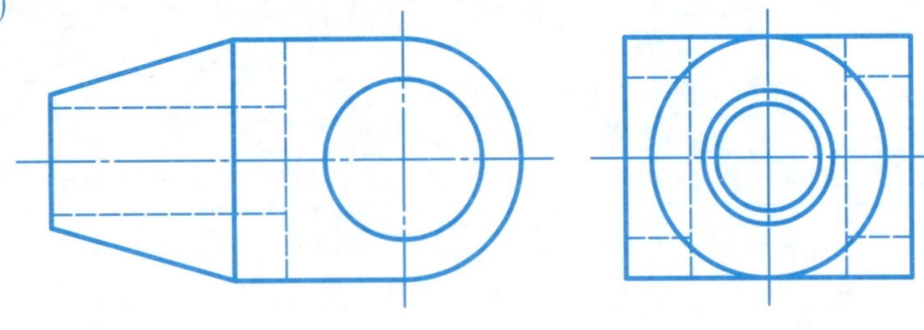

(4)

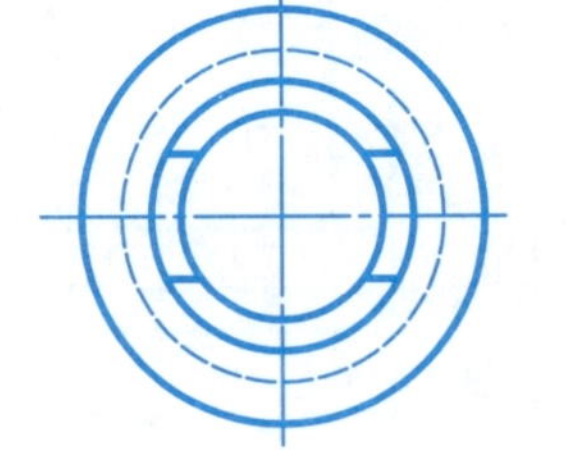

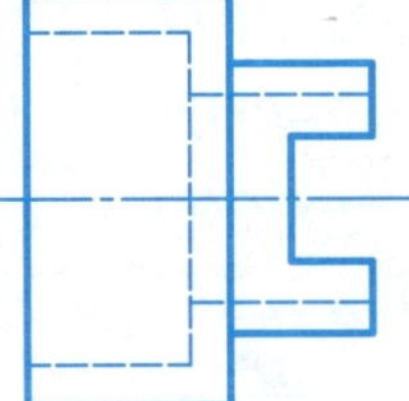

第5章 轴测图

5-1 用形体或线面分析法（知一、找二、求三）读懂组合体的两视图、尺寸，补画第三视图，并按1∶1比例绘制其正等测图。

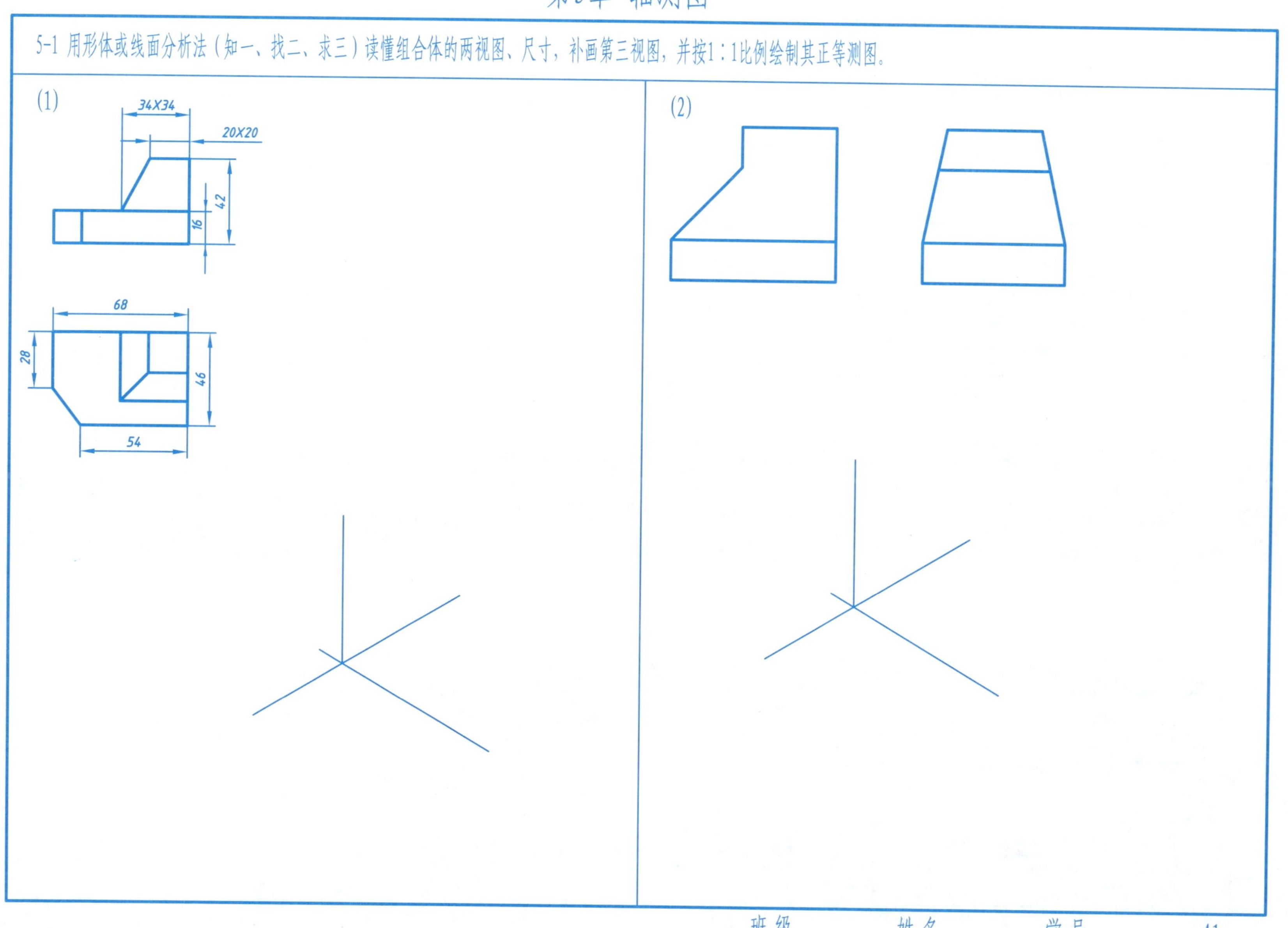

5-2 用形体分析法（知一、找二、求三）读懂组合体的两视图、尺寸，补画第三视图，并按1∶1比例绘制其正等测或斜二测图。

(1)

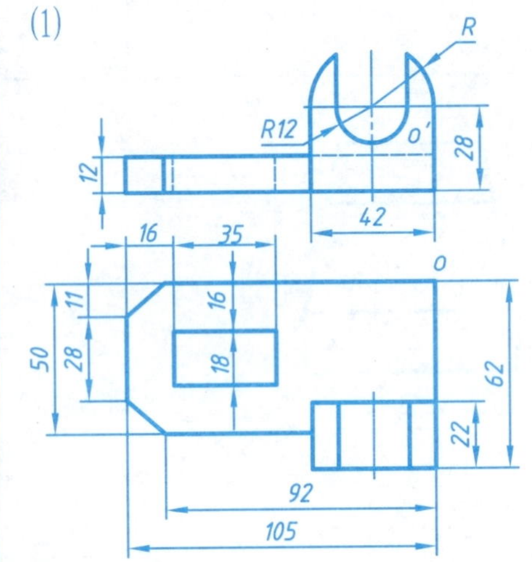

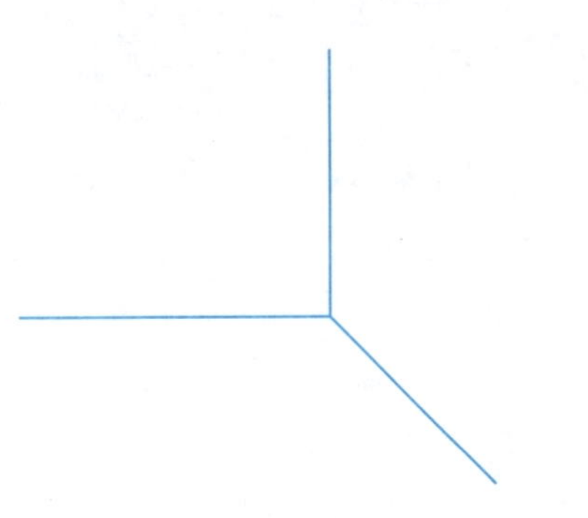

(2)

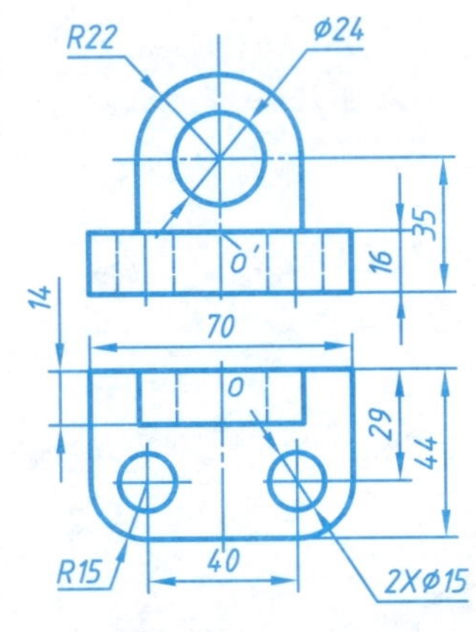

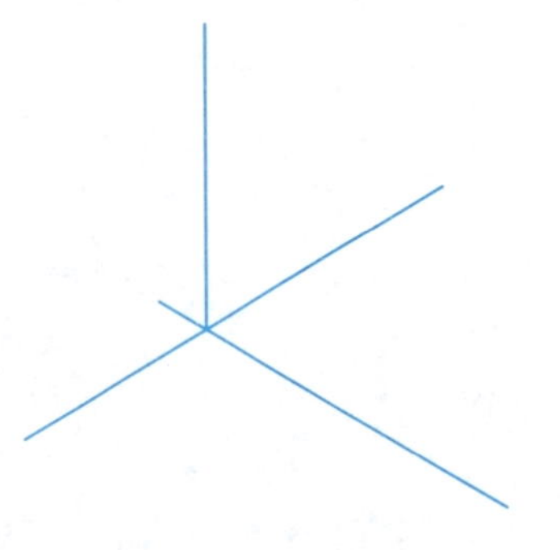

 班级　　姓名　　学号

5-3 用形体分析法（知一、找二、求三）读懂组合体的两视图，补画第三视图，并按1:1比例绘制其正等测图。

(1) 求作正等测图。

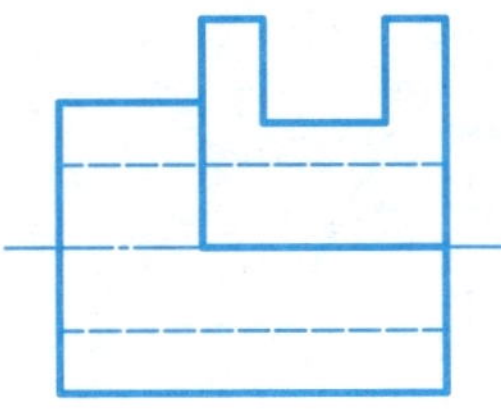

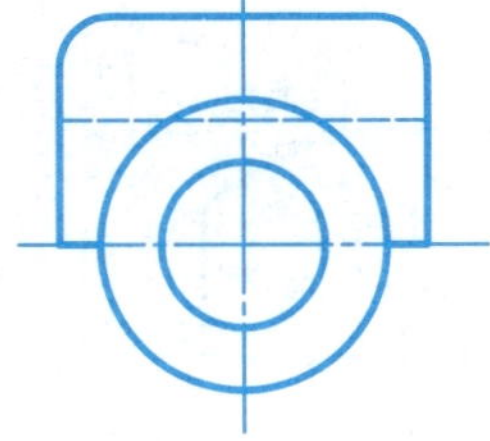

(2) 求作斜二测图。

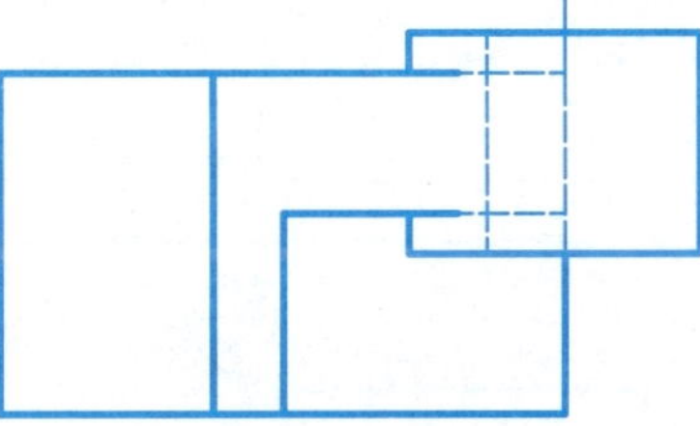

6-1 读懂（识别）柱截贯体的两视图，求画第三视图。

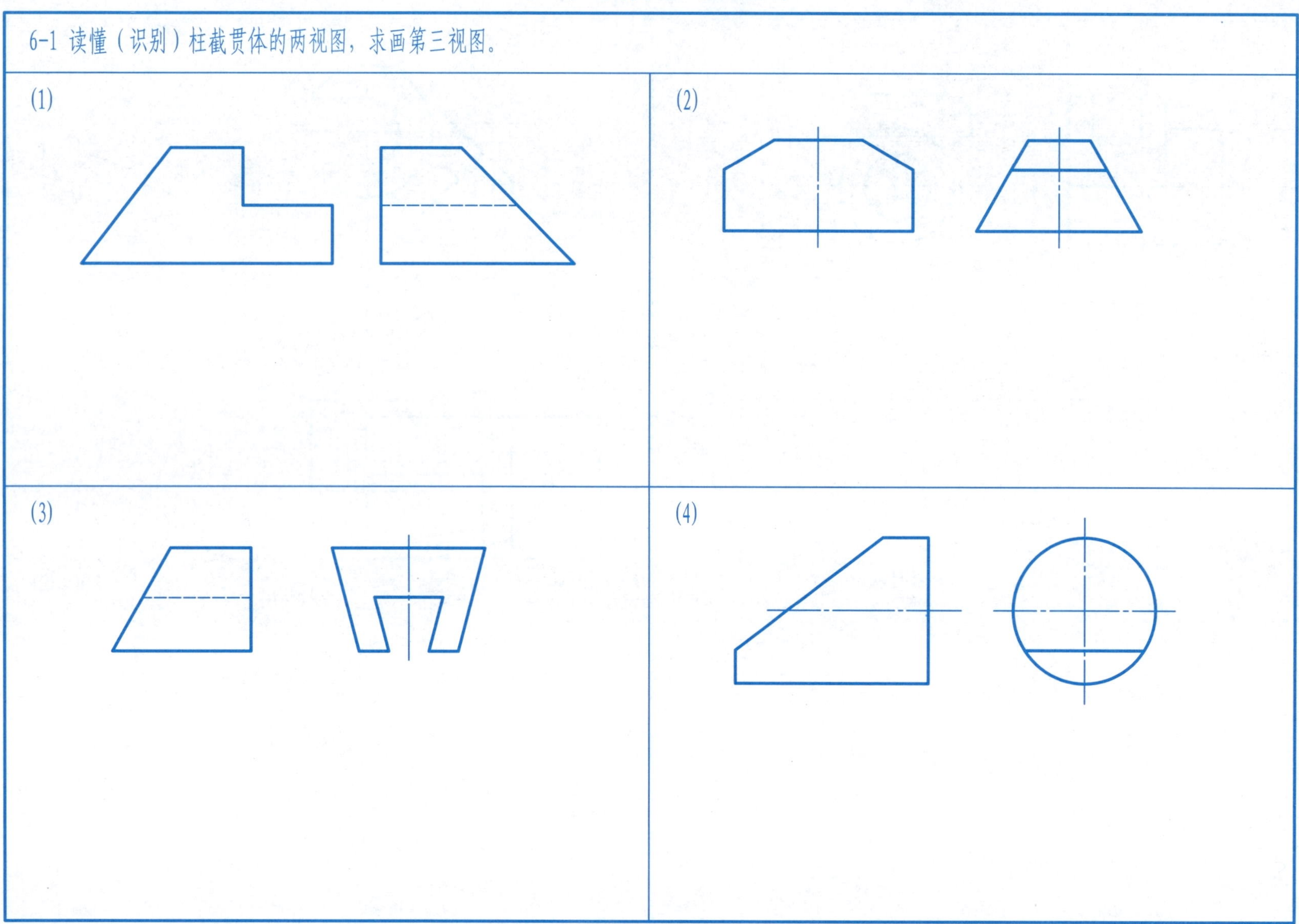

6-1 读懂（识别）柱截贯体的两视图，求画第三视图。

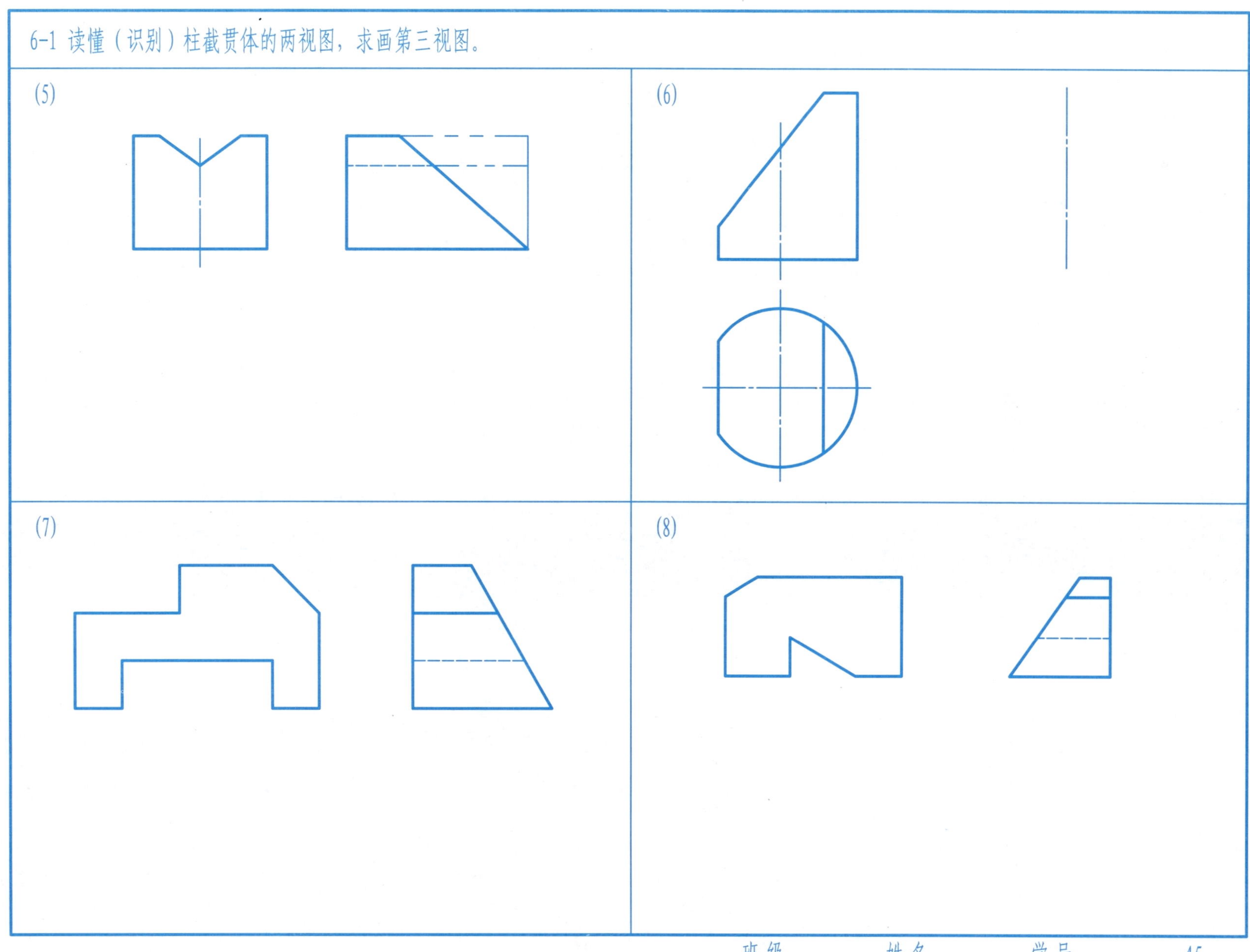

6-2 读懂（识别）柱截贯体的两视图，求画第三视图（相贯线用圆弧代替，第4题除外）。

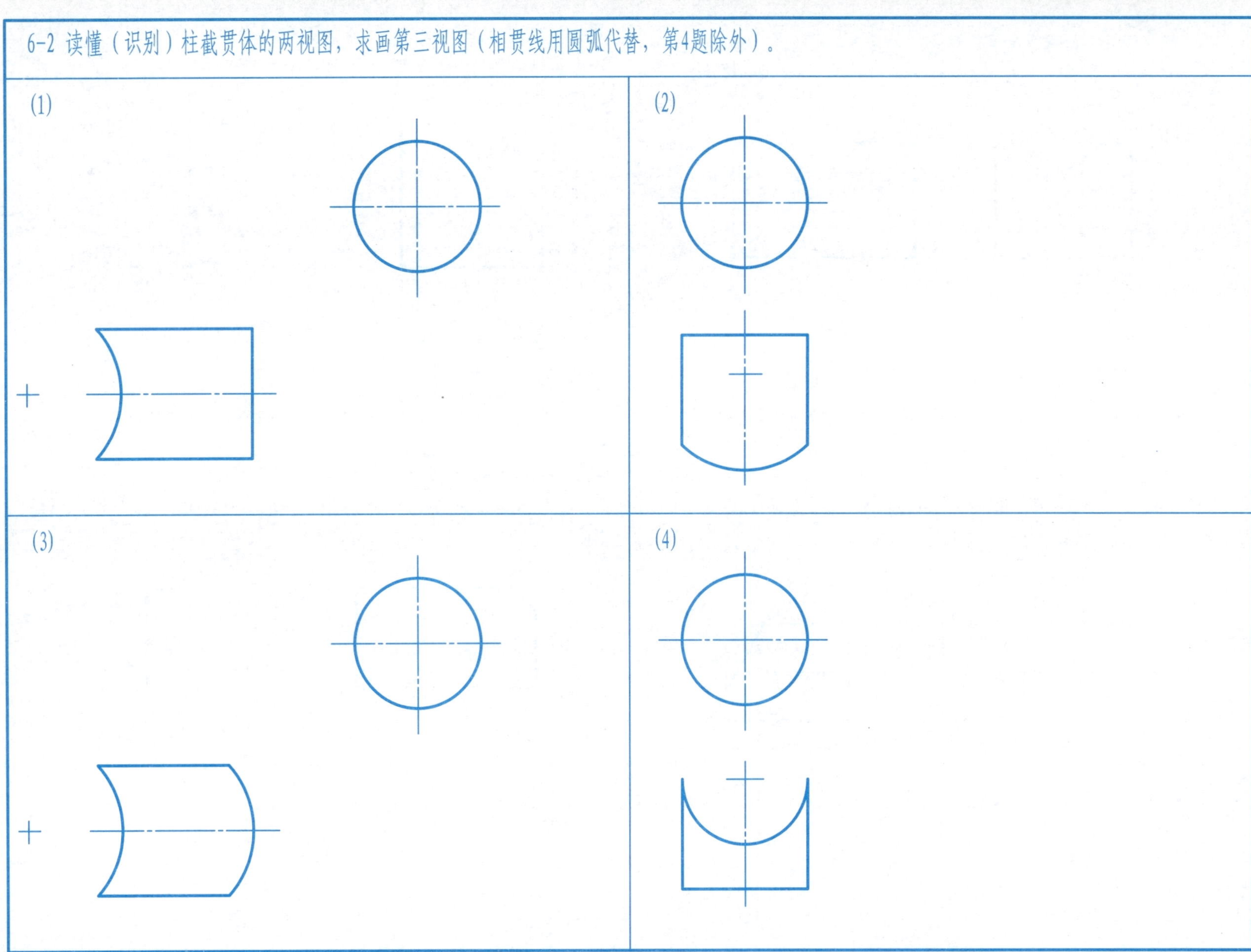

6-3 用形体分析法（知一、找二、求三）读懂组合体的两视图，求画第三视图（圆柱截贯体上的相贯线用圆弧代替，第4题除外）。

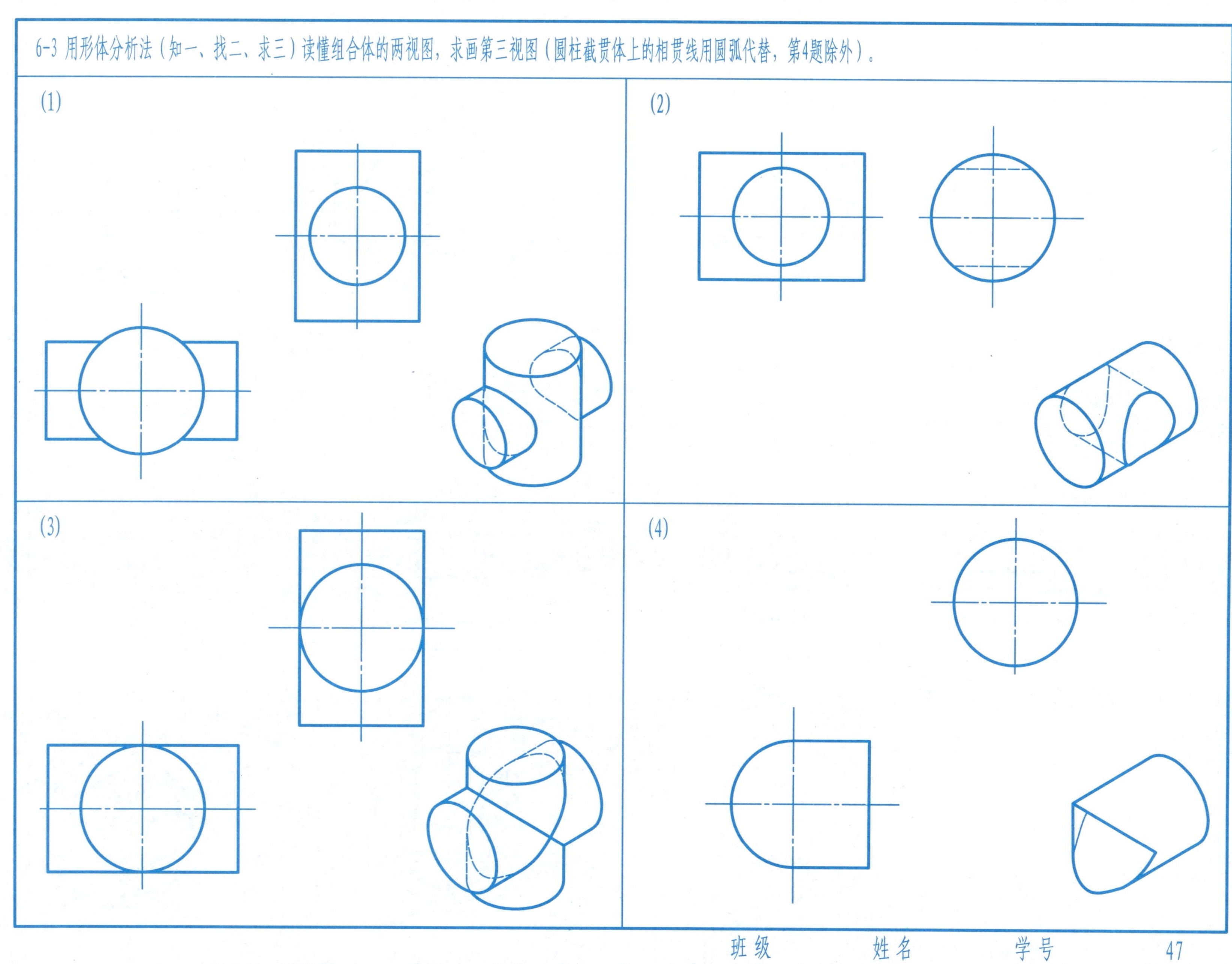

6-4 用形体分析法（知一、找二、求三）读懂组合体的一或两视图，求画第二、第三或第三视图。

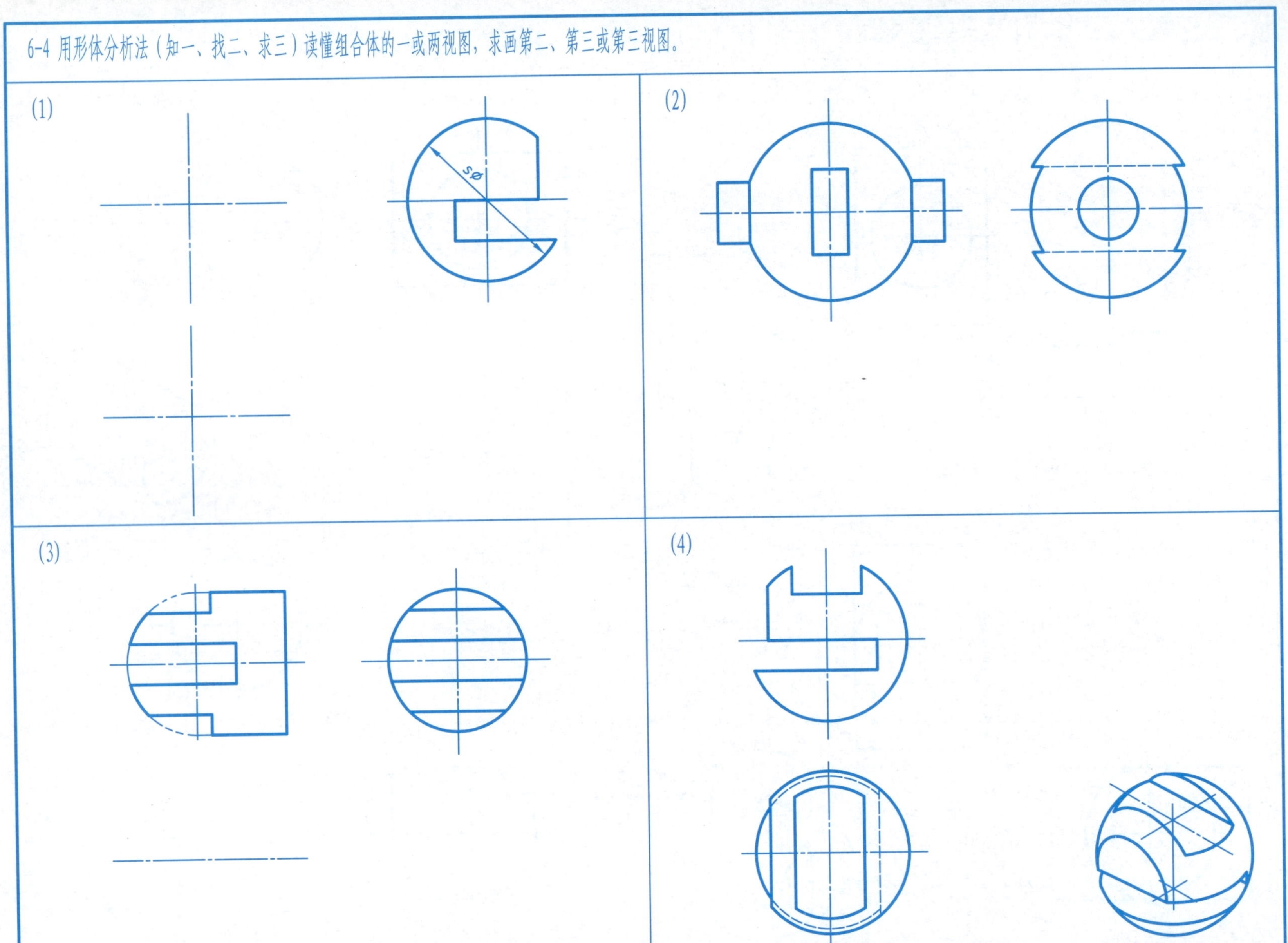

6-5 用形体分析法（知一、找二、求三）读懂组合体的两视图，补画第三视图。

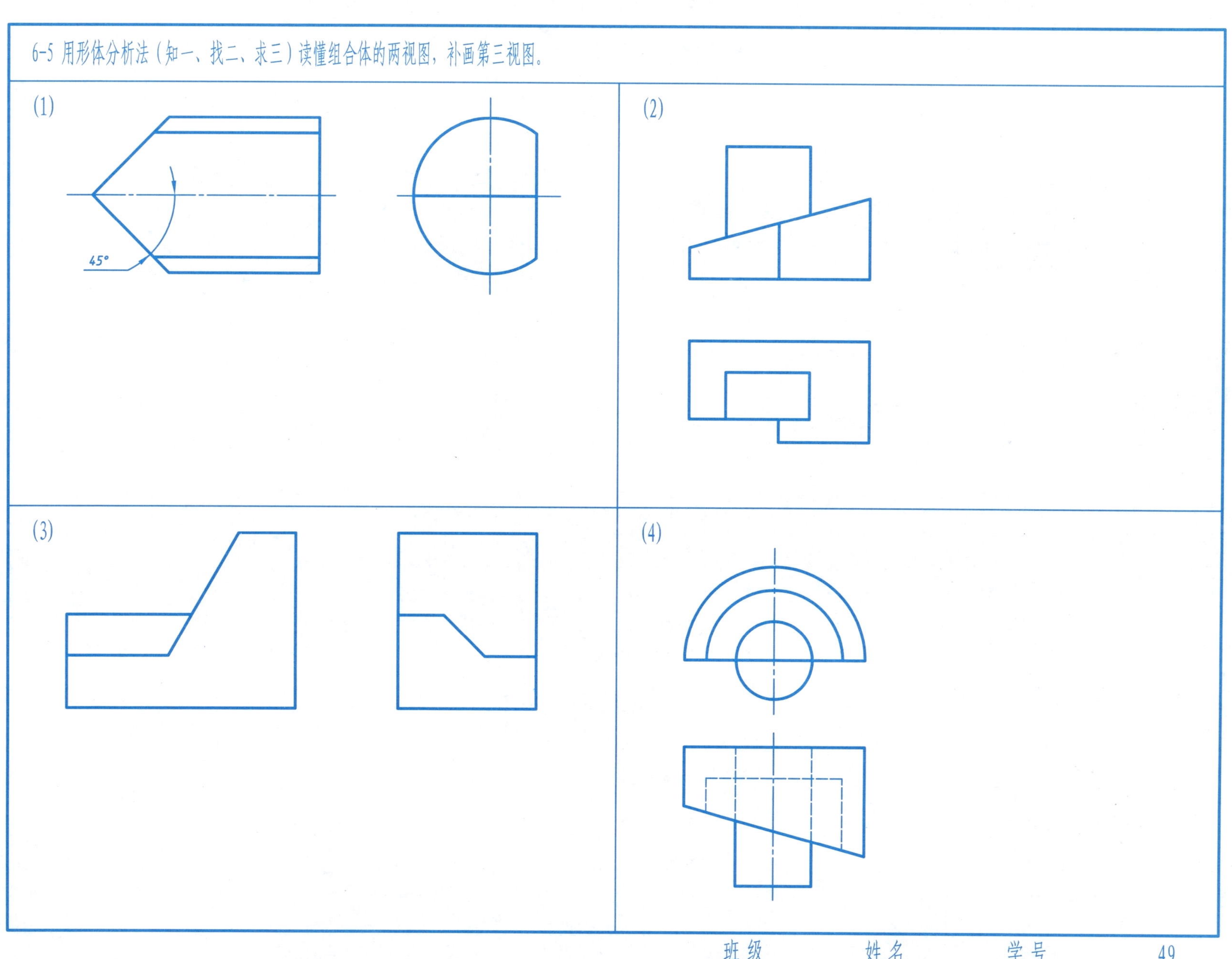

6-5 用形体分析法（知一、找二、求三）读懂组合体的两视图，补画第三视图（圆柱截贯体上的相贯线用圆弧代替）。

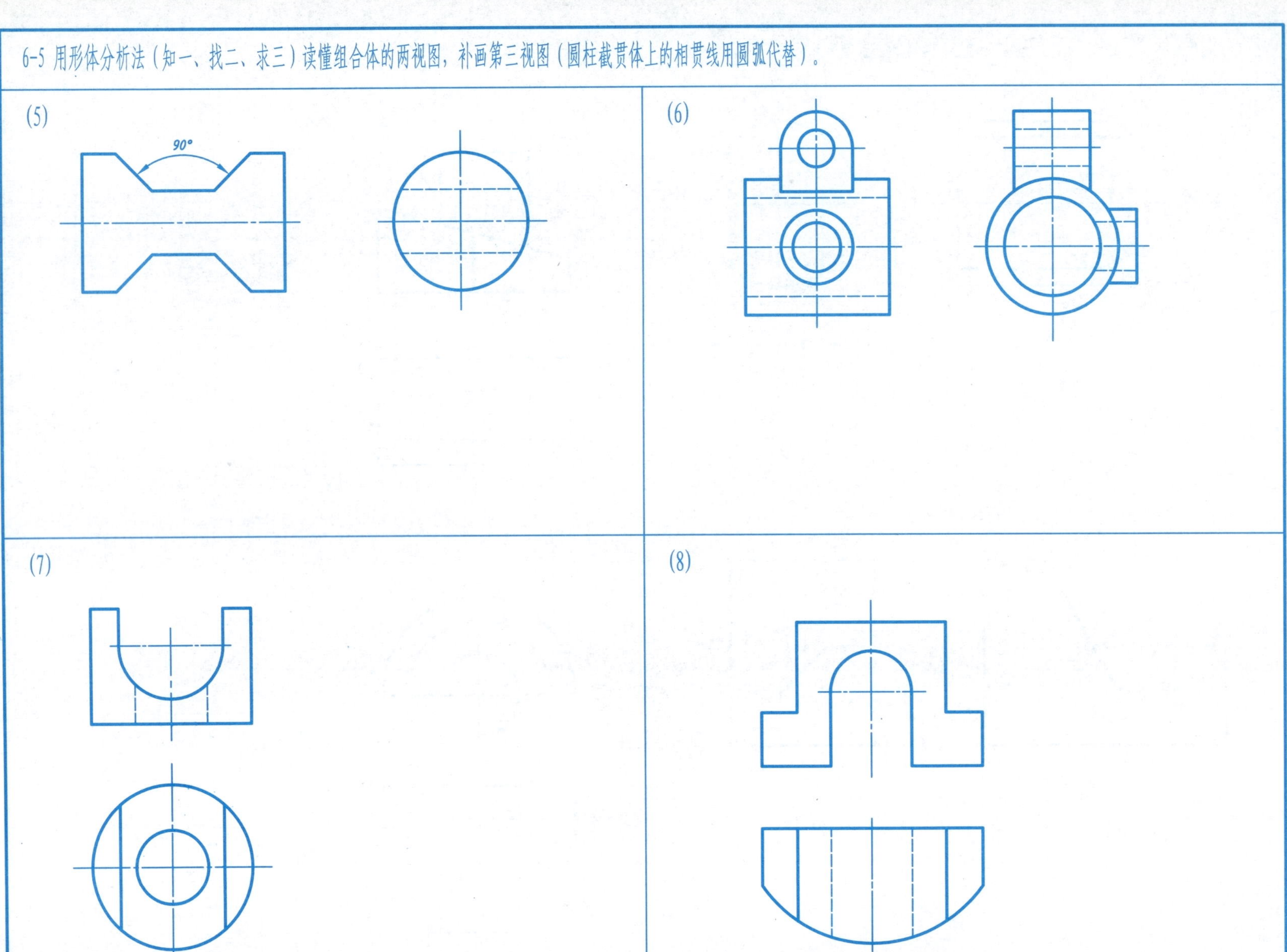

 班级 姓名 学号

6-6 用形体分析法（知一、找二、求三）读懂组合体的三视图，补画组合体视图中所缺的线（圆柱截贯体上的相贯线用圆弧代替）。

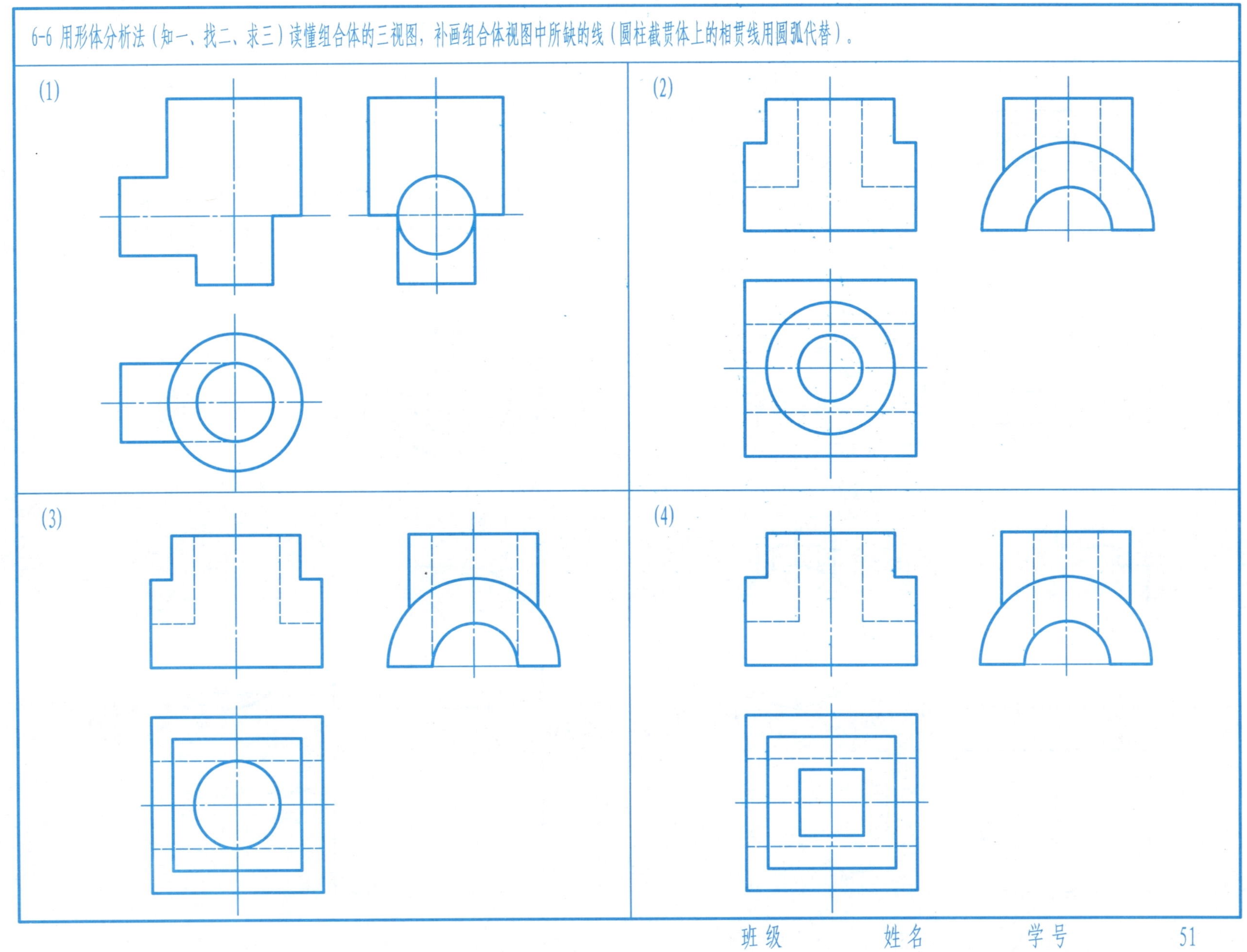

6-6 用形体分析法（知一、找二、求三）读懂组合体的三视图，补画组合体视图中所缺的线（圆柱截贯体上的相贯线用圆弧代替）。

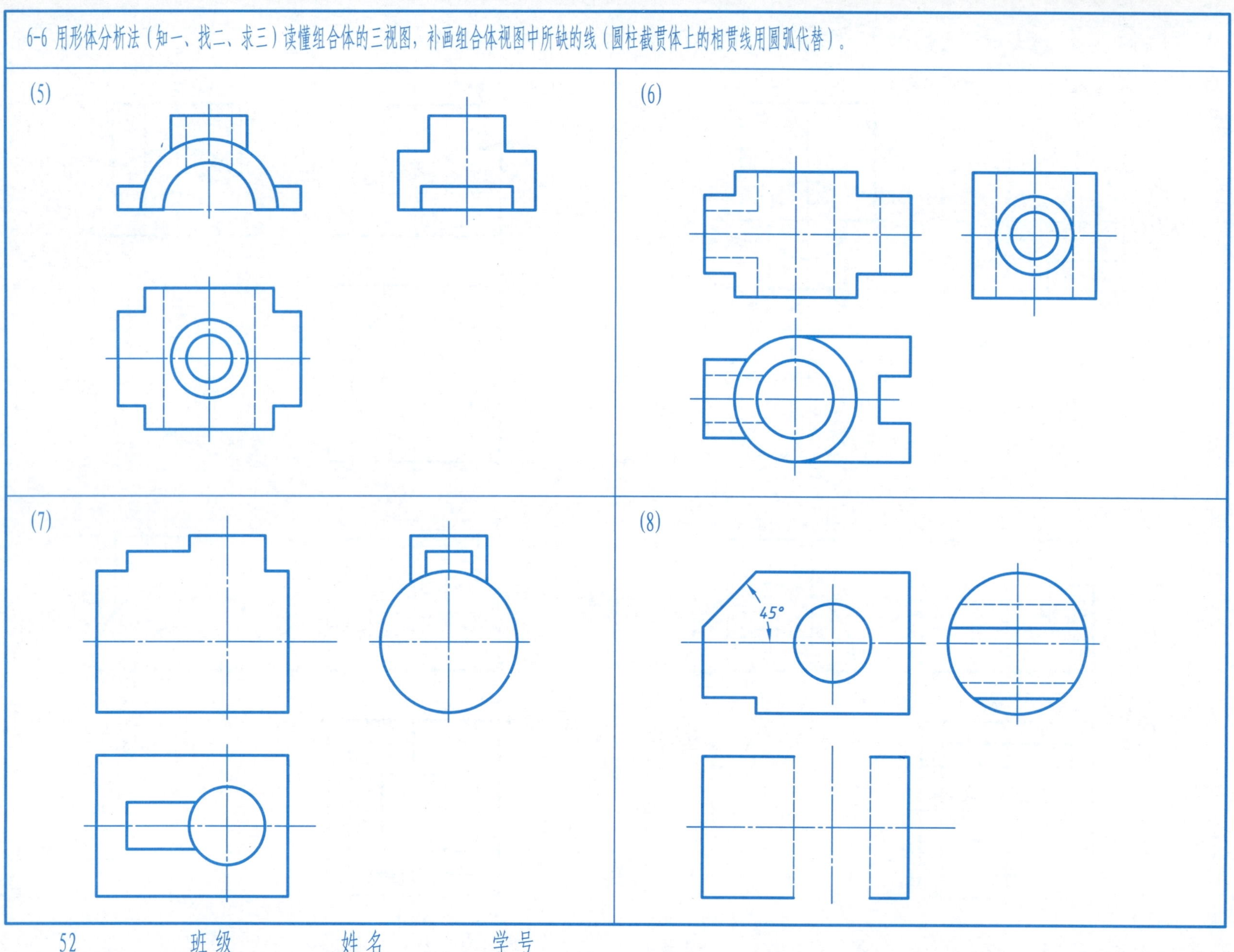

7-1 已知机件的主视图和俯视图，补画出左视图、右视图、仰视图和后视图(按基本视图配置）。

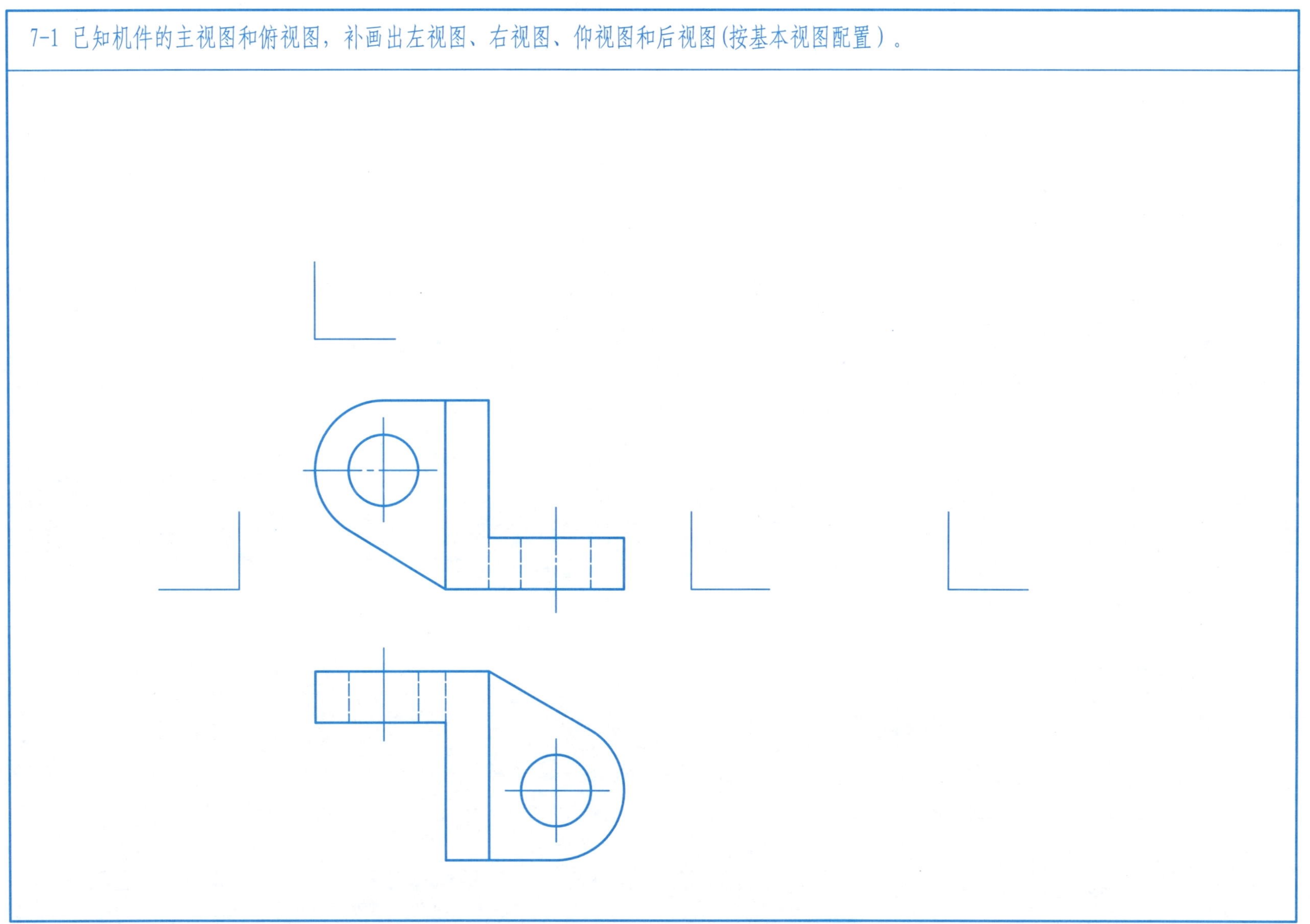

7-2 已知机件的主视图和俯视图，根据箭头所指方向，在适当位置画出相应的向视图。

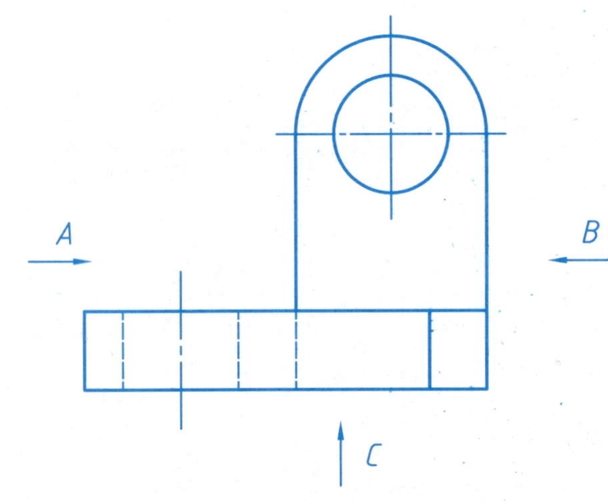

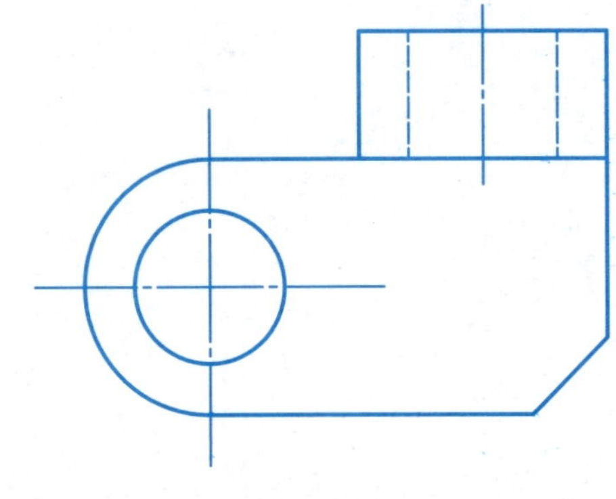

7-3 画出*A*向斜视图和*B*向局部视图。

7-4 画出*A*向斜视图。

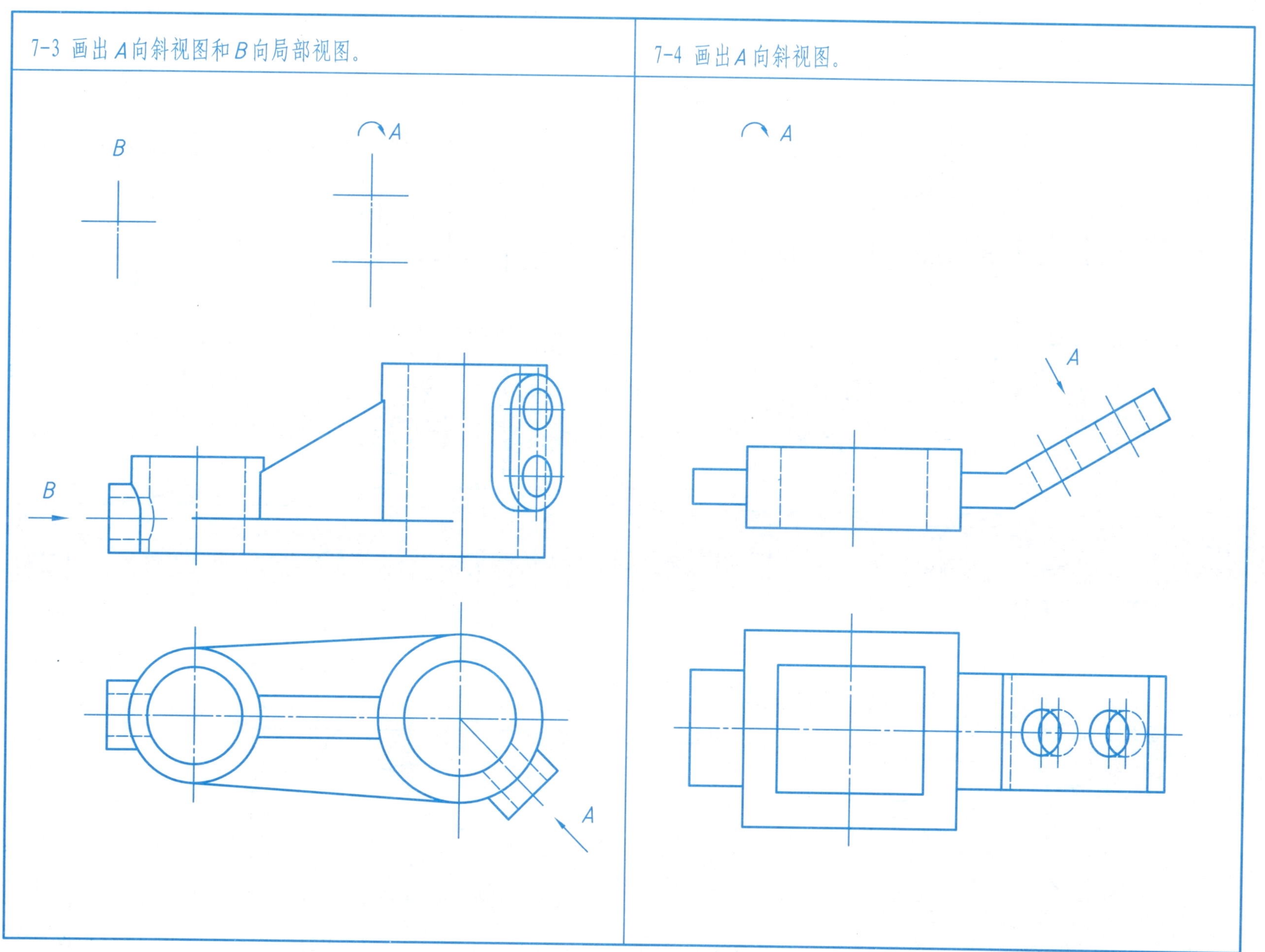

7-5 补画下列剖视图图中所缺的线和剖视图的标注。

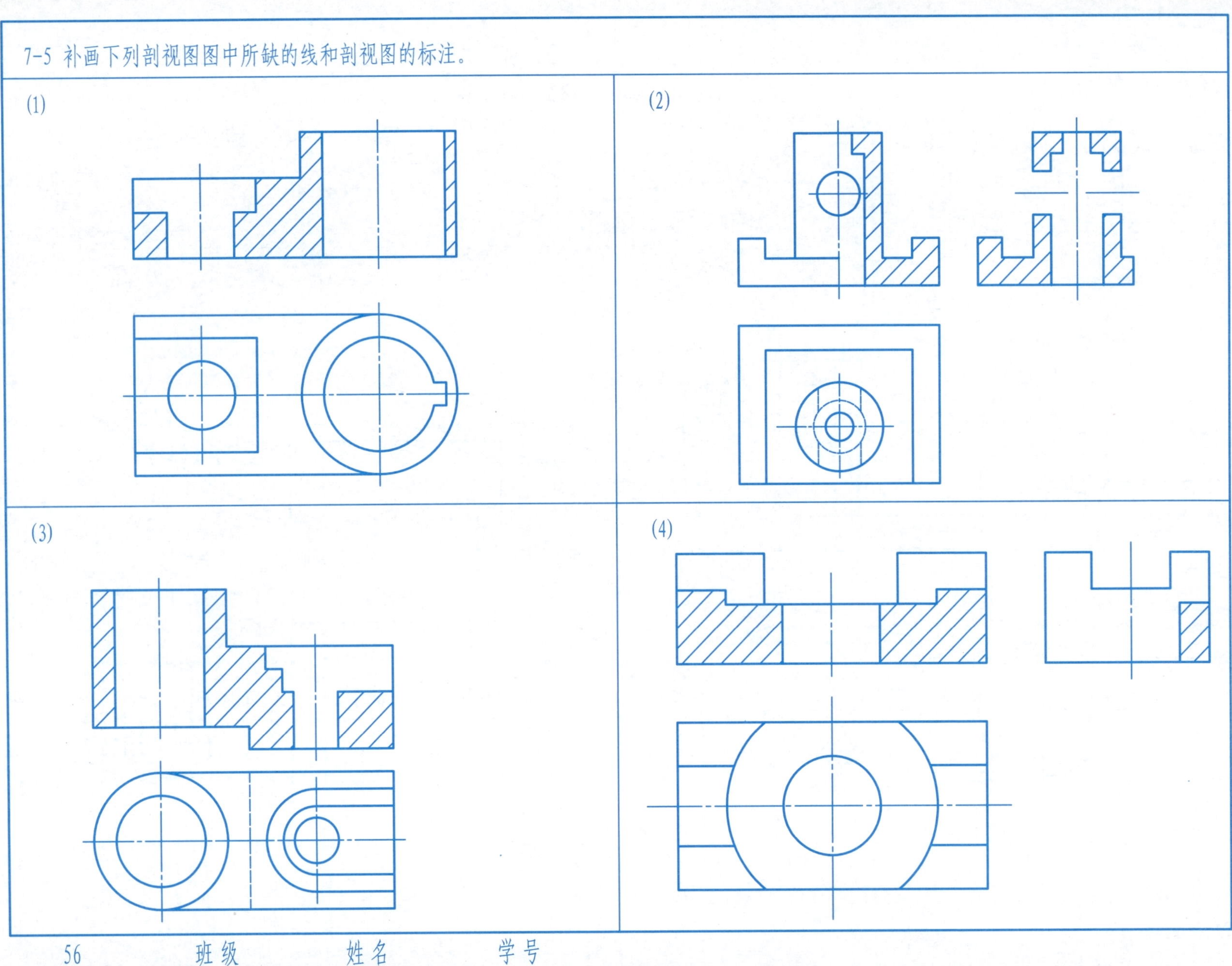

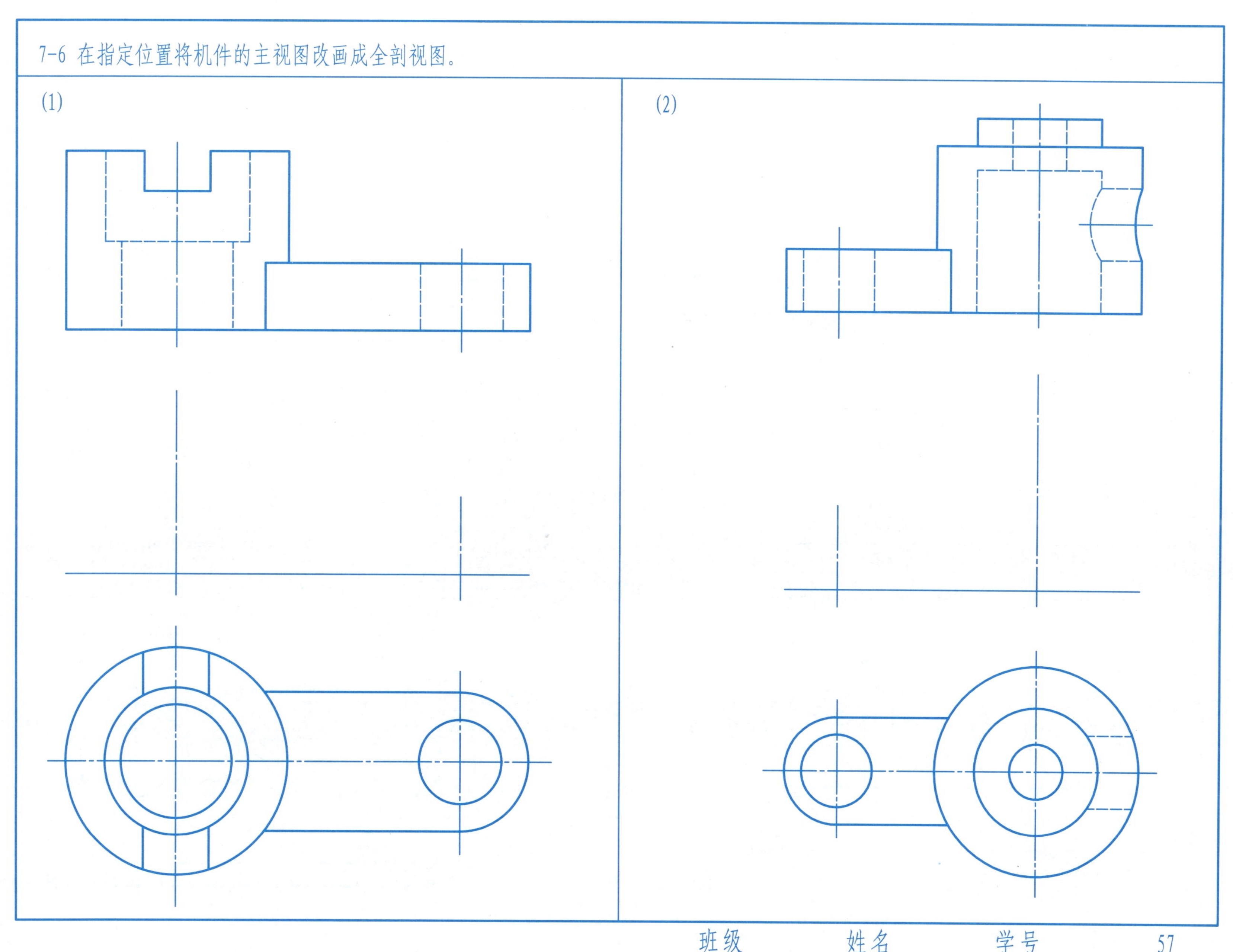
7-6 在指定位置将机件的主视图改画成全剖视图。
(1)
(2)

7-7 在指定位置将机件的主视图改画成全剖视图。

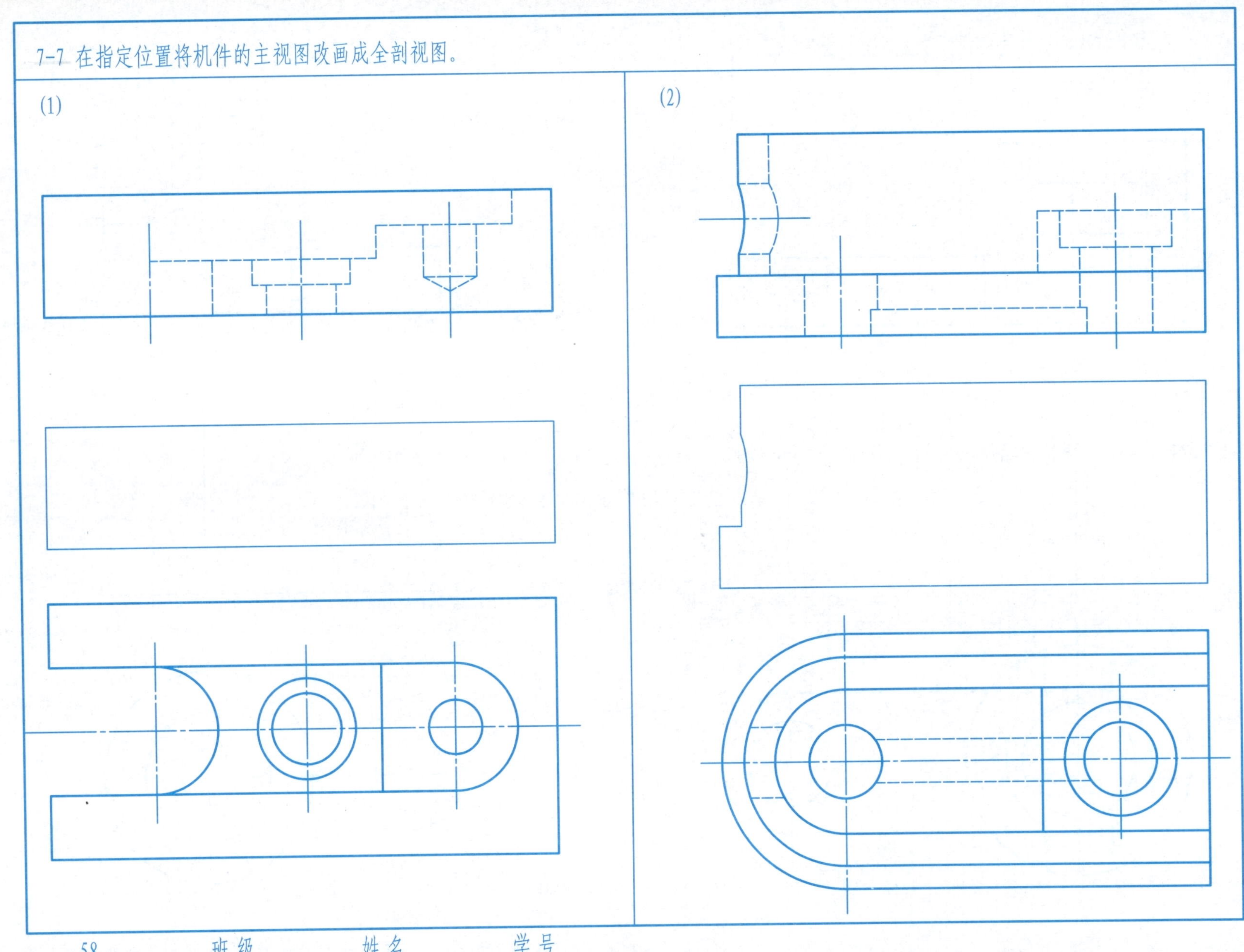

7-8 在指定位置将机件的主视图改画成半剖视图。

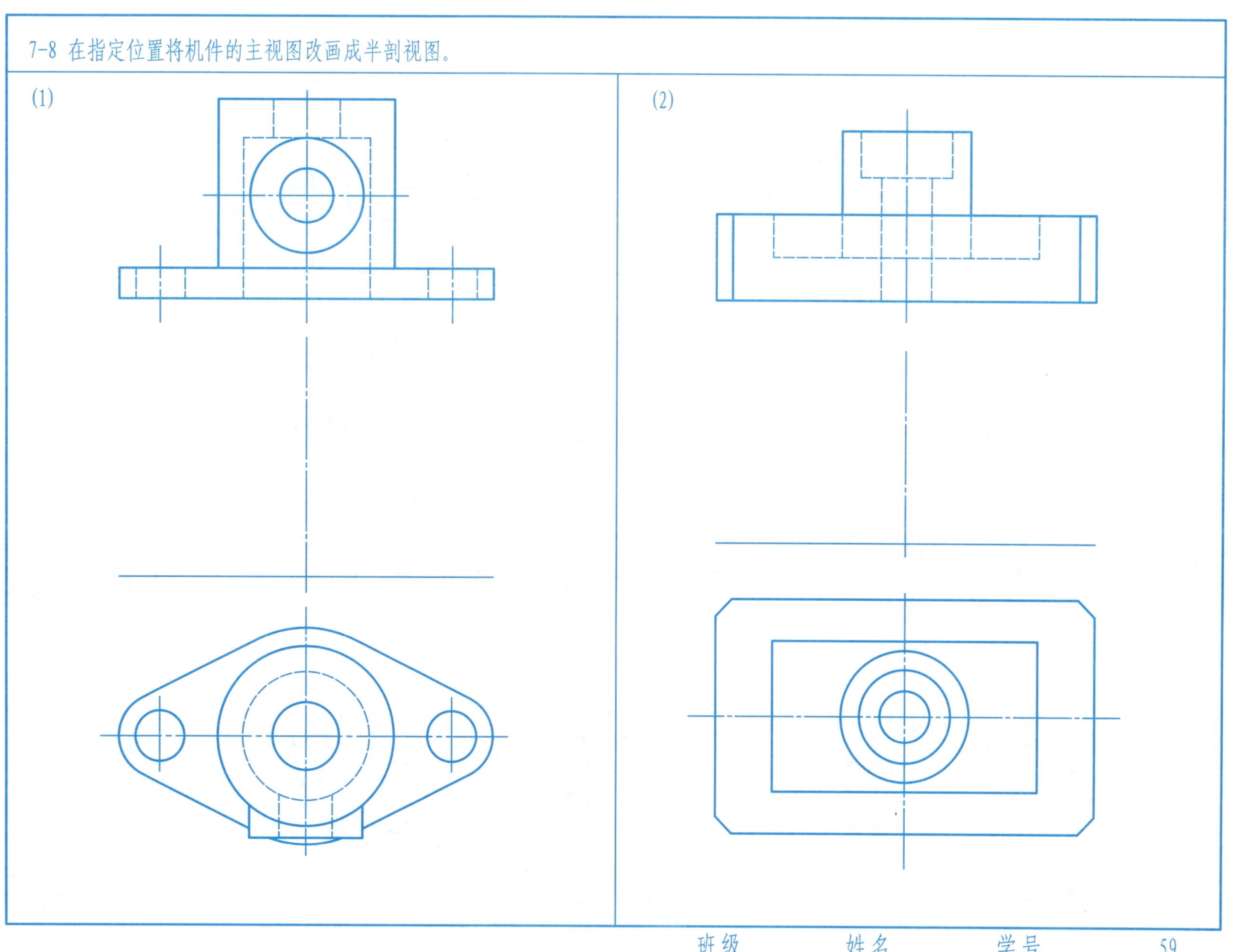

7-9 将机件的主、左视图改成半剖视图并补画半剖的俯视图。

7-10 将机件的主视图改成全剖视图并补画半剖的左视图。

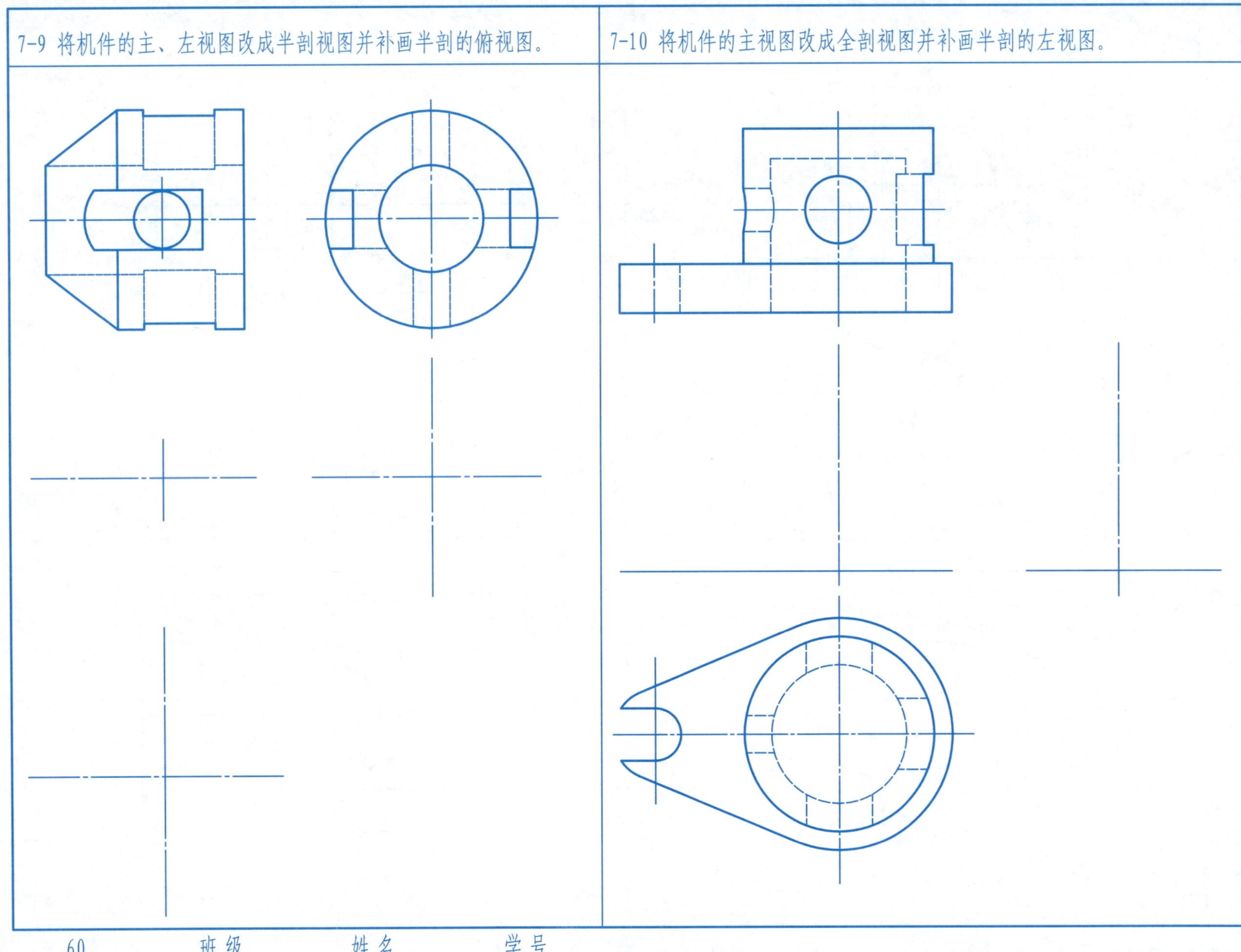

7-11 在指定位置将机件的主、俯视图改画成局部剖视图。

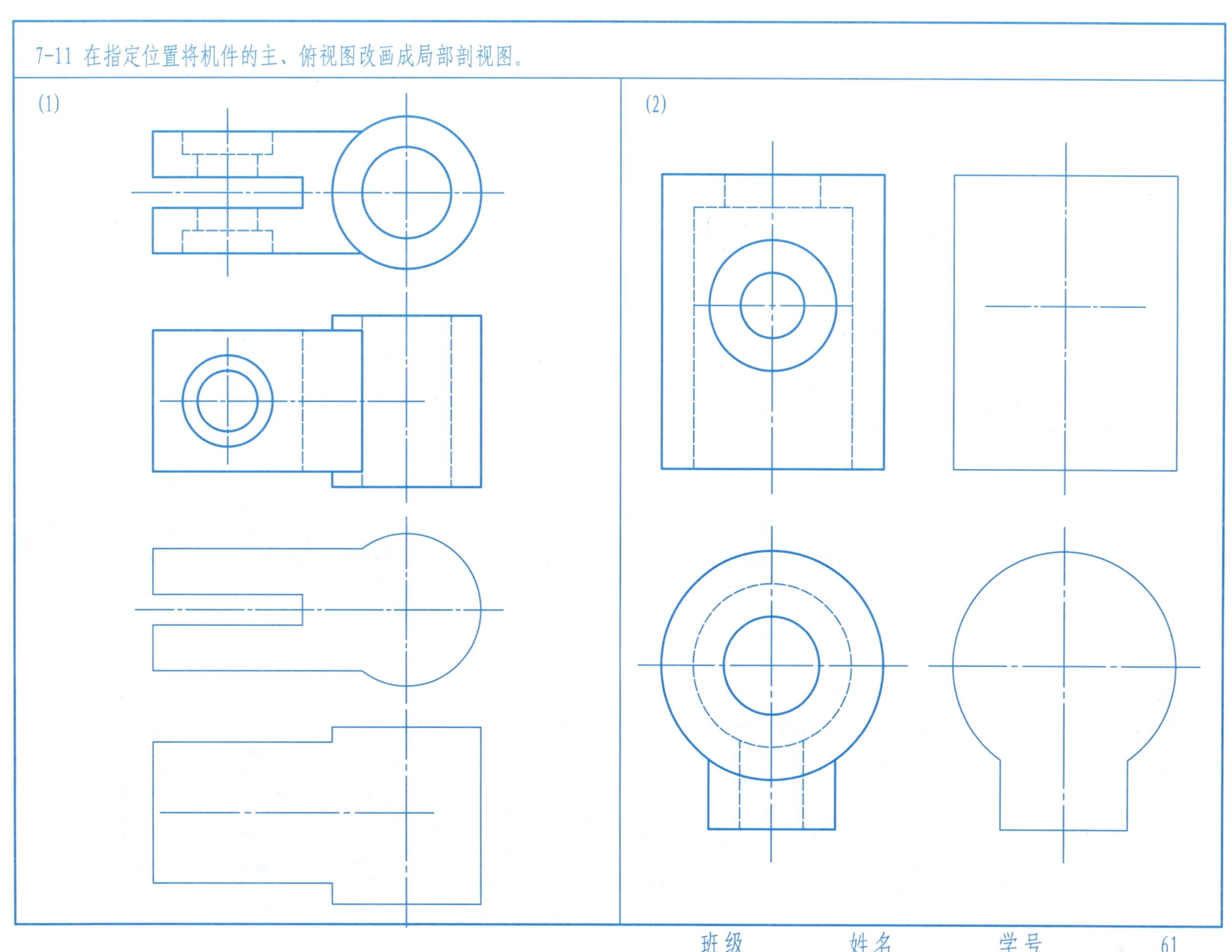

7-12 在指定位置将机件的主、俯视图作适当的剖视。

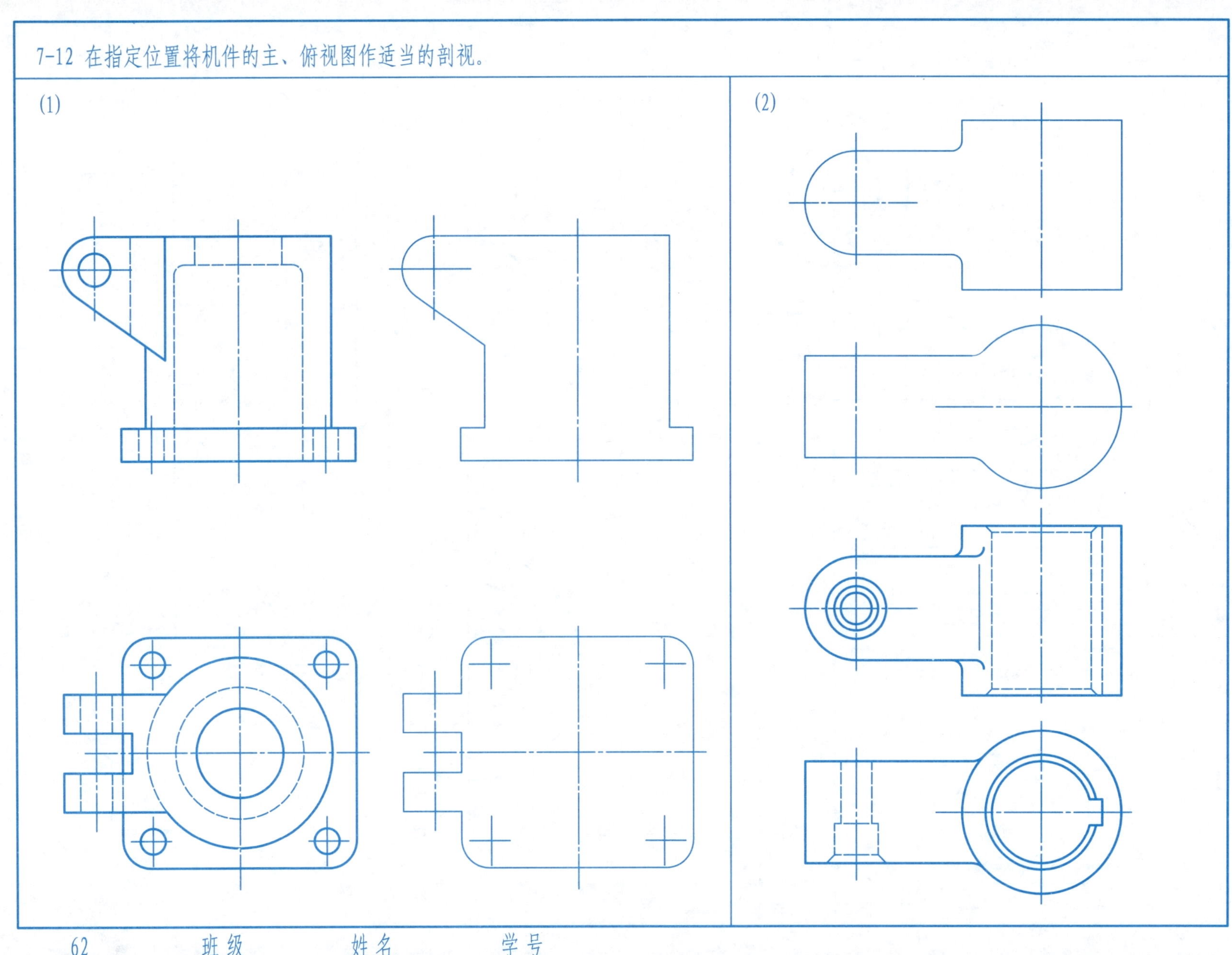

7-13 在指定位置，作出用单一剖切面剖切的 *A-A* 和 *B-B* 的全剖视图。

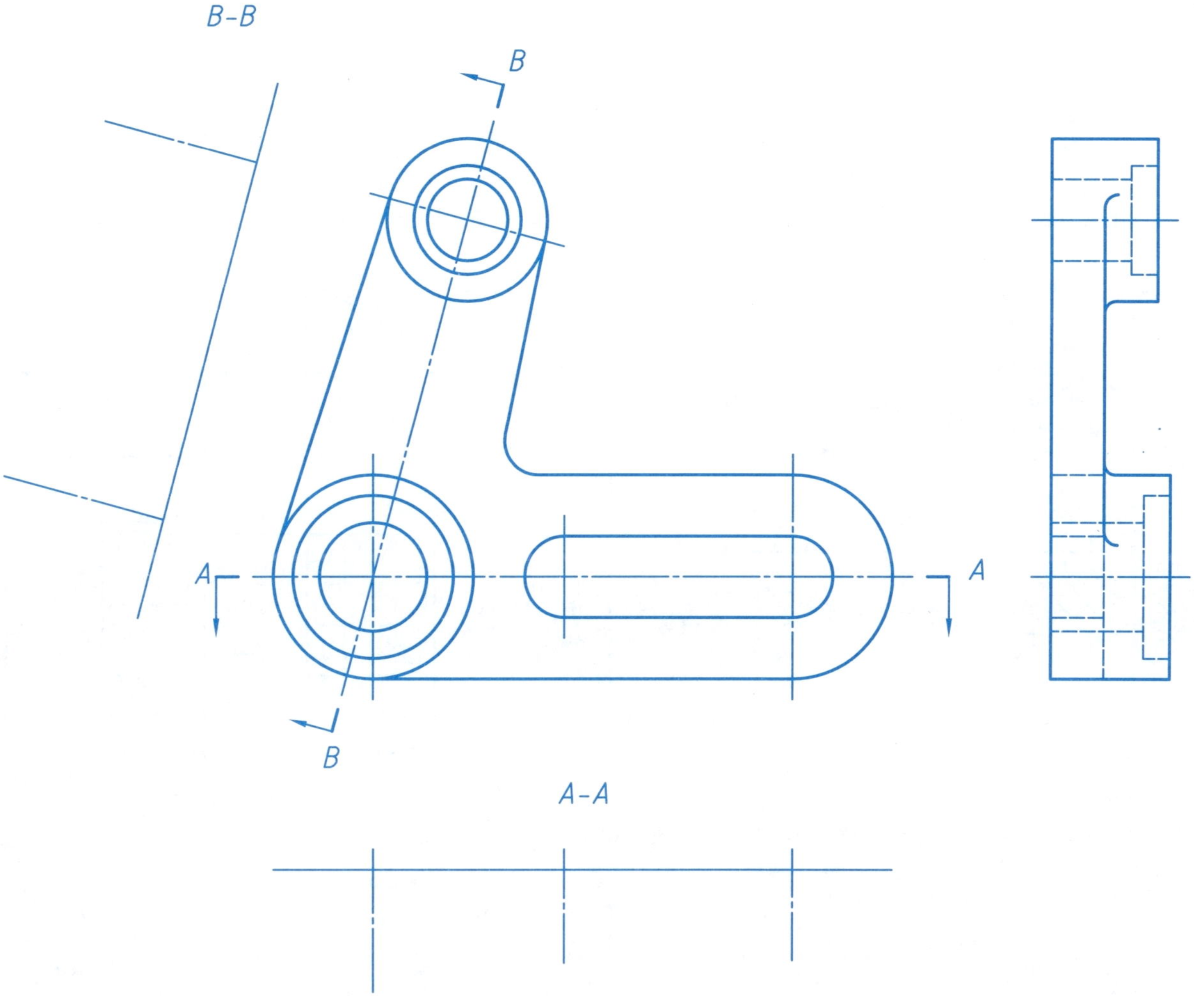

7-14 在指定位置，作出用单一剖切面剖切的A-A的全剖视图。

(1)

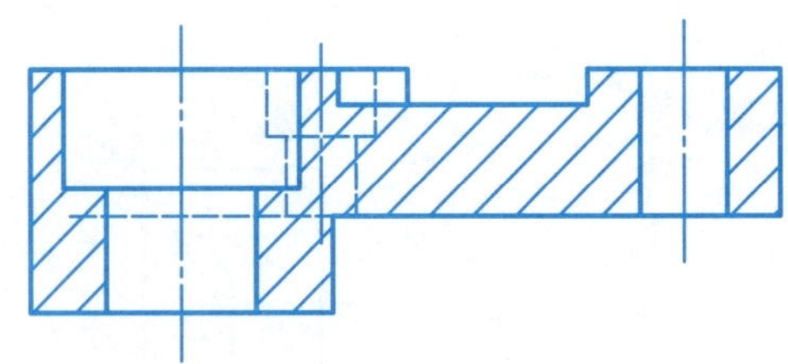

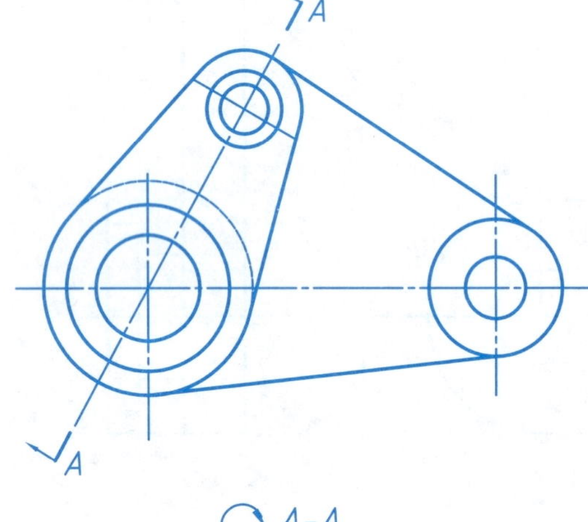

(2)

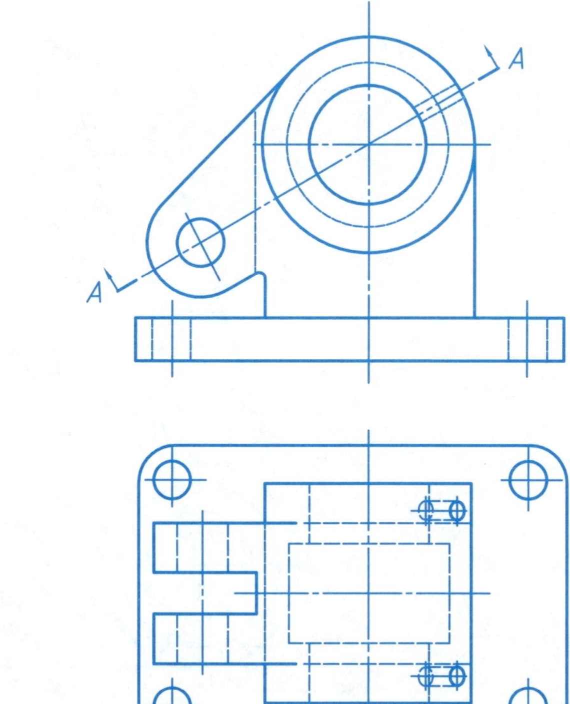

7-15 在指定位置，将主视图改画成用两个平行的剖切平面剖切的全剖视图。

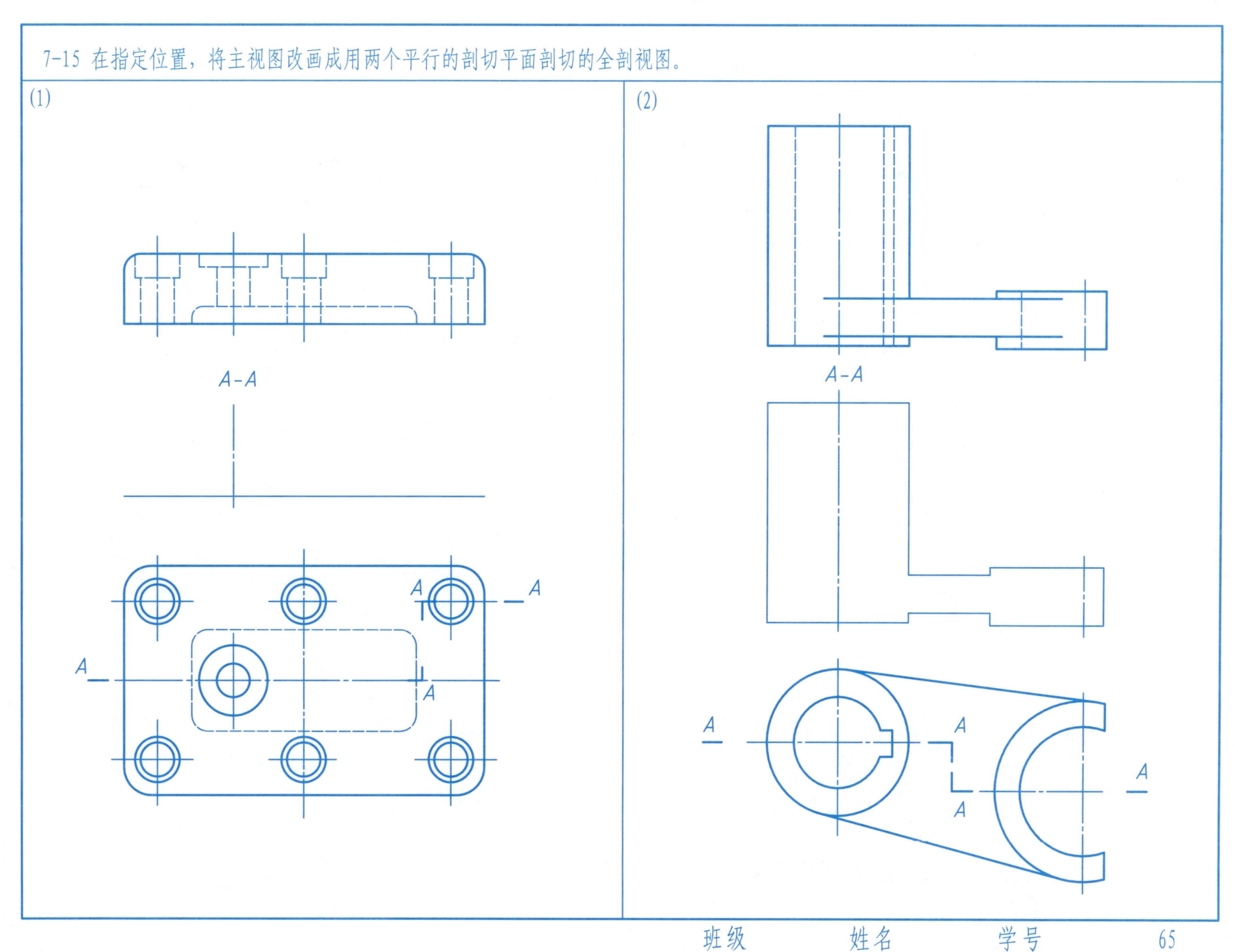

7-16 在指定位置，将主视图改画成用两个相交的剖切平面剖切的全剖视图。

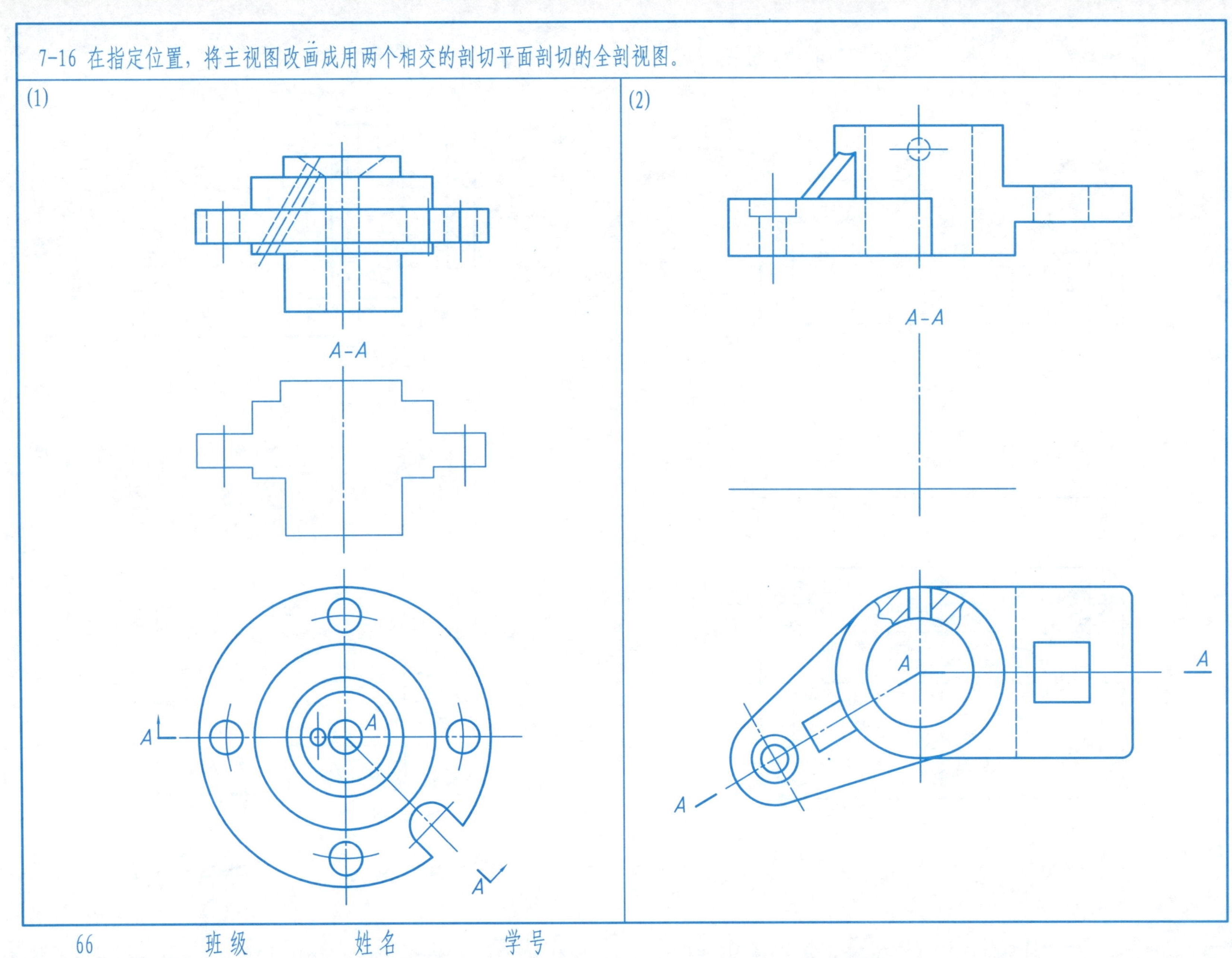

 班级 姓名 学号

7-17 在指定位置，将主视图改画成用几个相交的剖切平面剖切的全剖视图并标注。

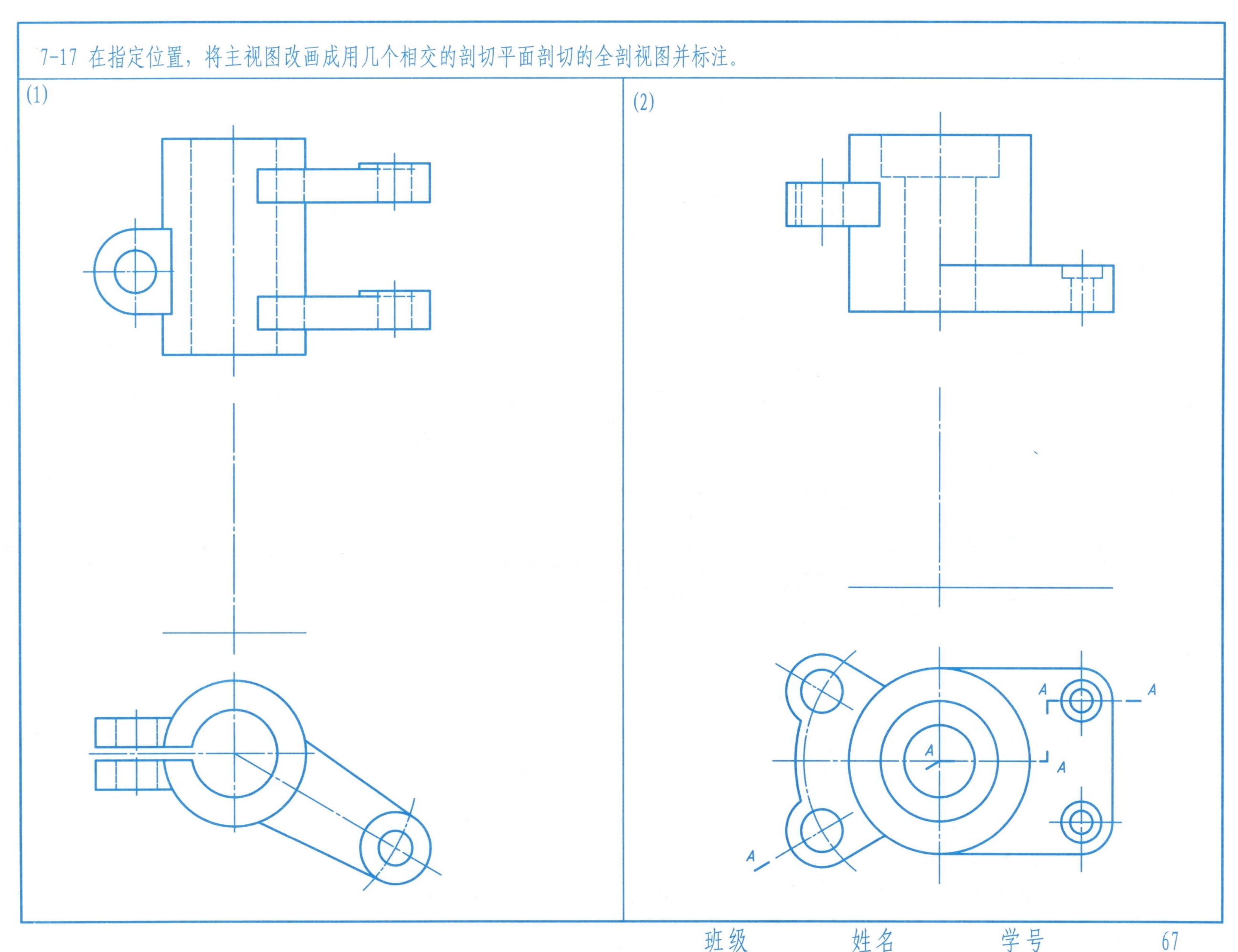

7-18 指出断面图中的错误，并在指定位置画出正确的断面图。

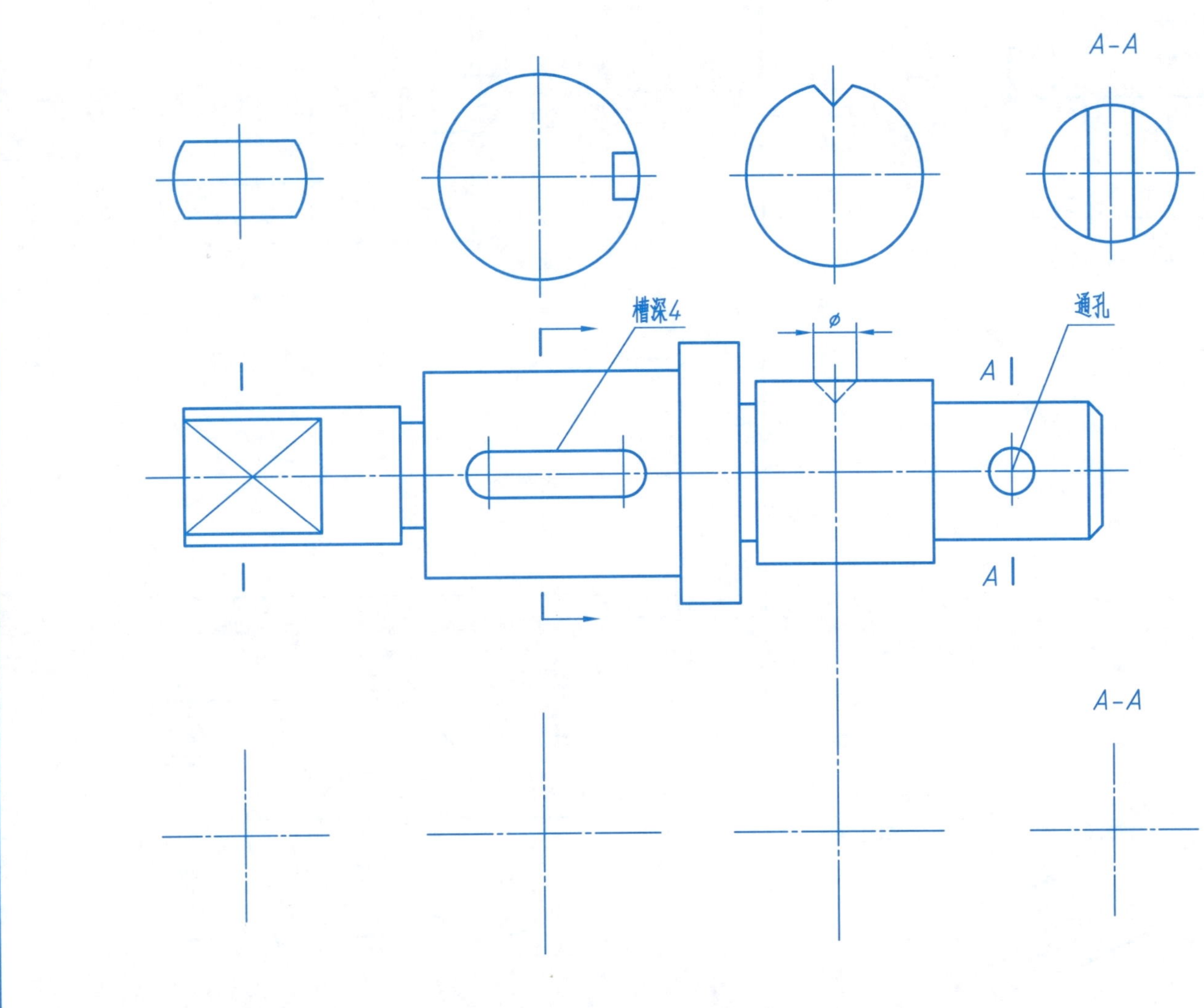

7-19 指出断面图中的错误画法，并在指定位置画出正确的断面图。

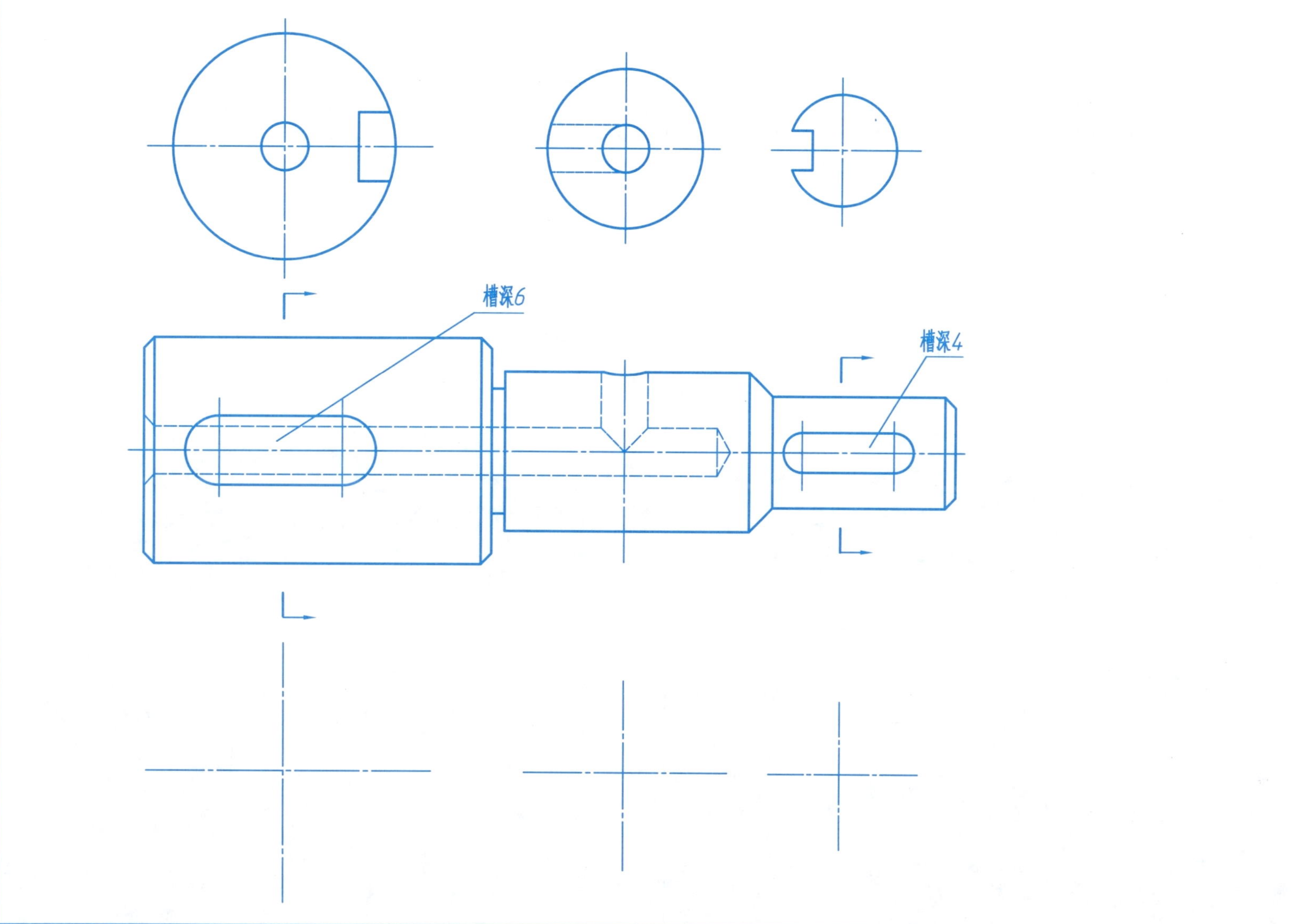

7-20 在指定位置作出主视图及 A-A 的移出断面。

7-21 作出指定位置的移出断面。

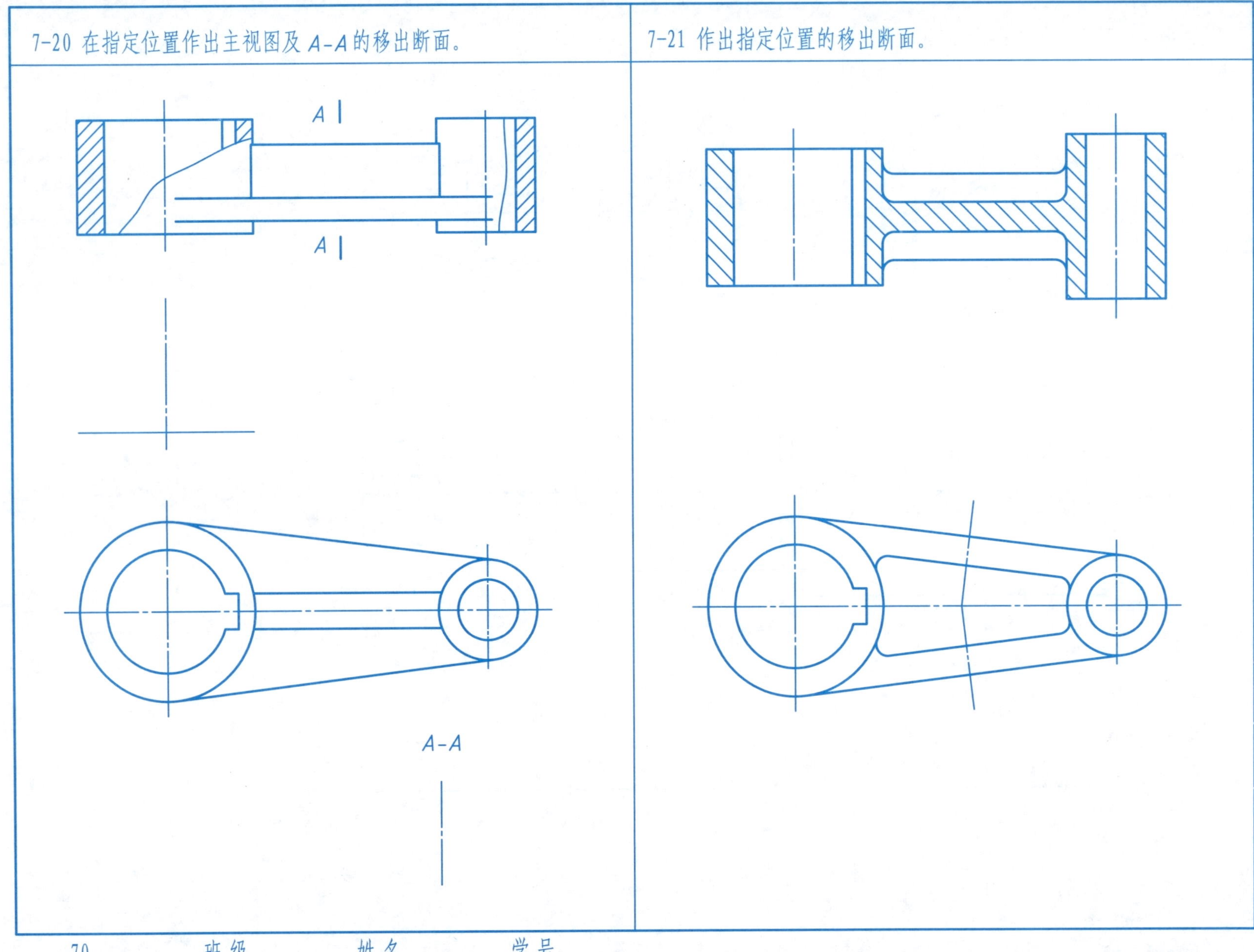

7-22 根据简化画法，将下列主视图画成全剖视图。

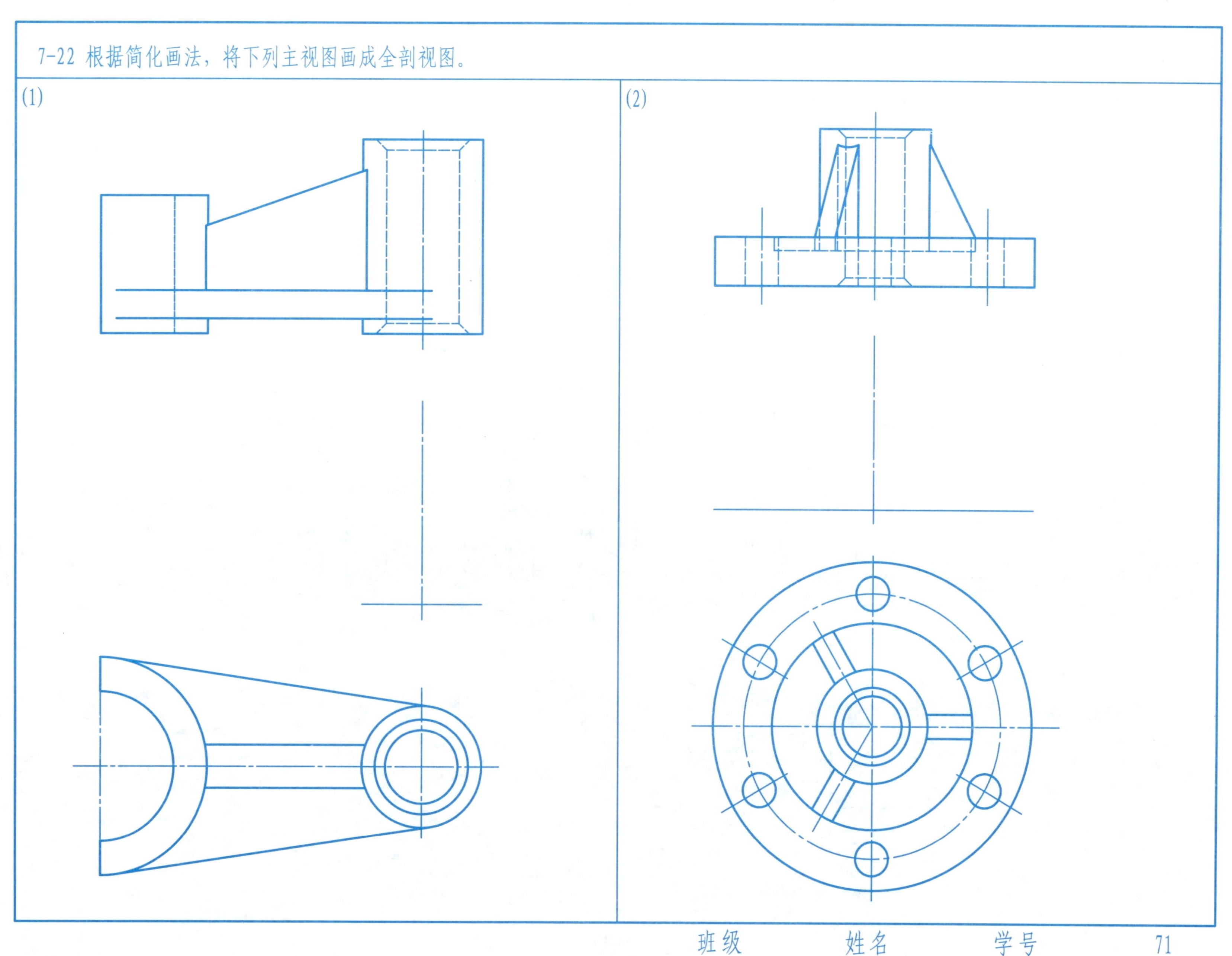

7-23 制图大作业，用适当的表达方法，将机件表达清楚，并标注尺寸（A3图纸，比例：1：1）。

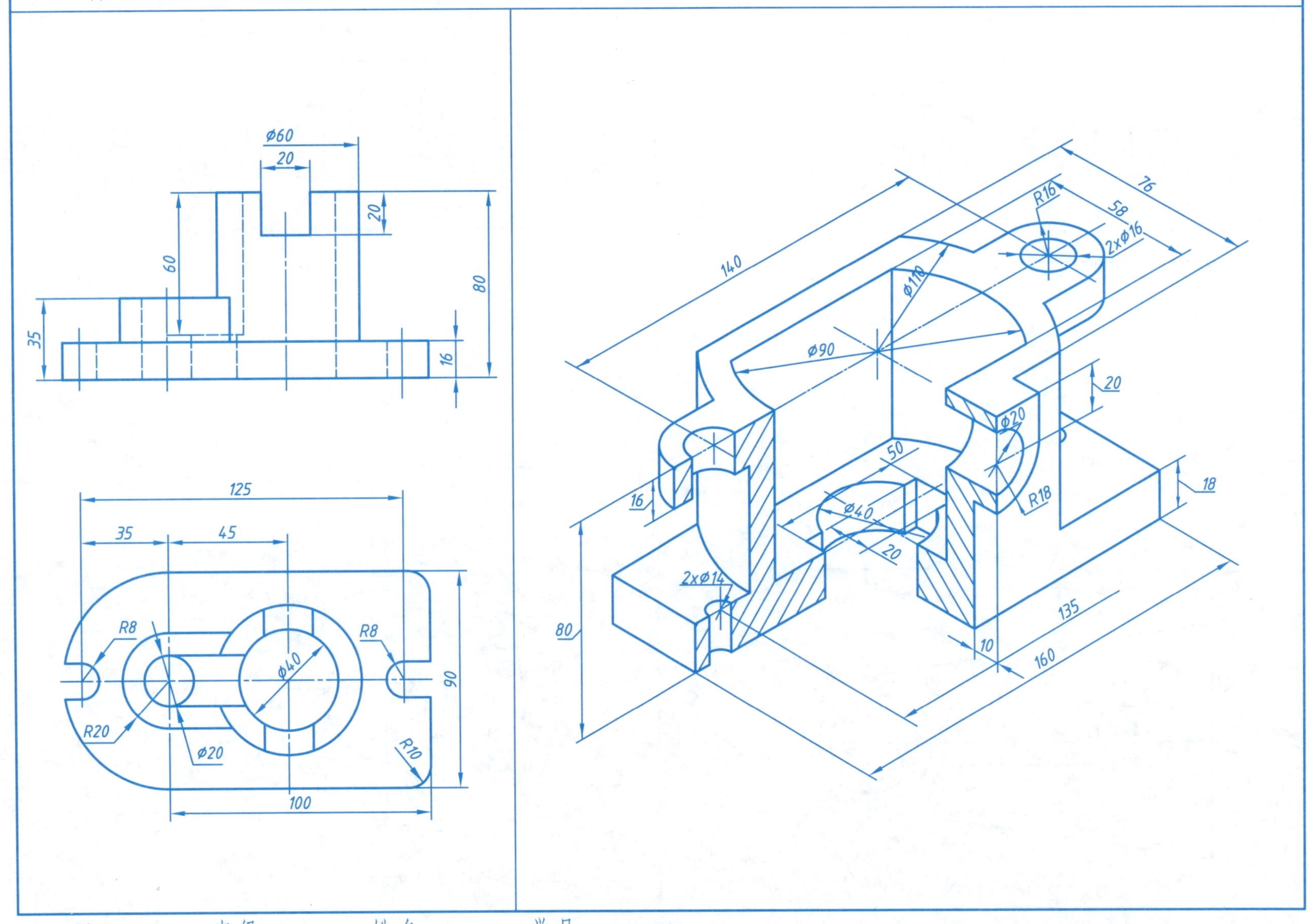

 班级 姓名 学号

8-1 分析下列螺纹画法的错误，在指定位置画出正确的视图，并标注螺纹的标记。

(1) 普通螺纹：公称直径16，螺距2，右旋，中径和顶径公差带代号6g，中等旋合长度。

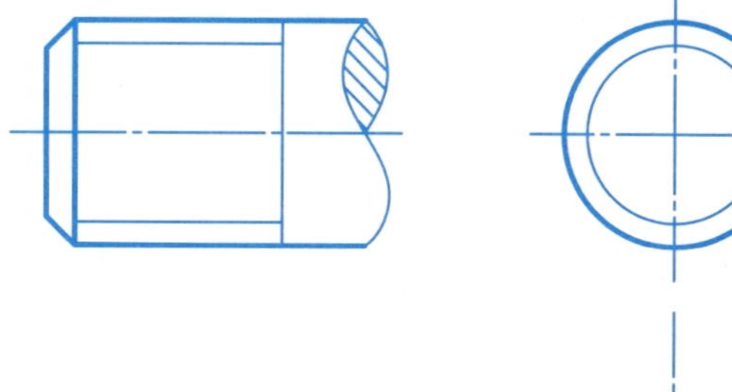

(2) 普通螺纹：公称直径20，螺距2，左旋，中径公差带代号5g、顶径公差带代号6g，短旋合长度。

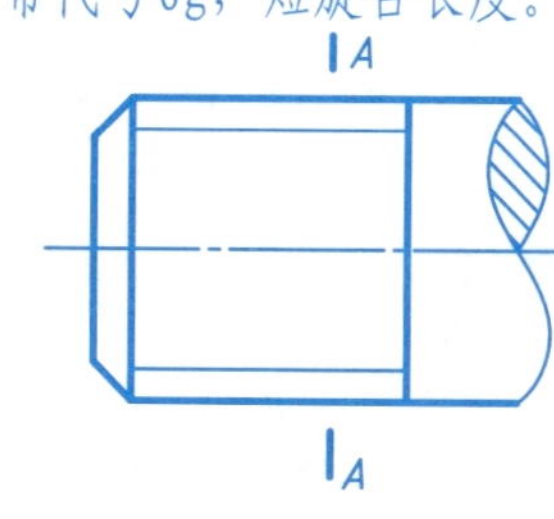

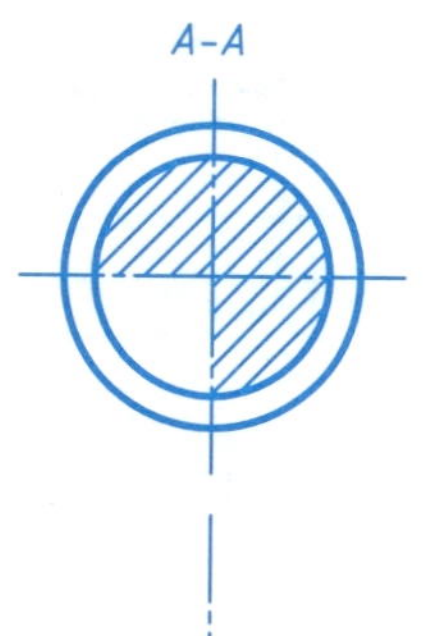

(3) 梯形螺纹：公称直径32，螺距7，线数2，右旋，中径公差带代号7h，中等旋合长度。

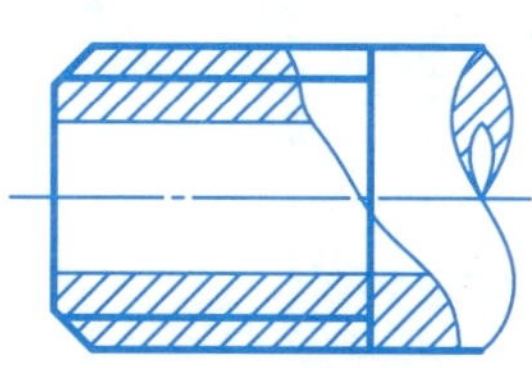

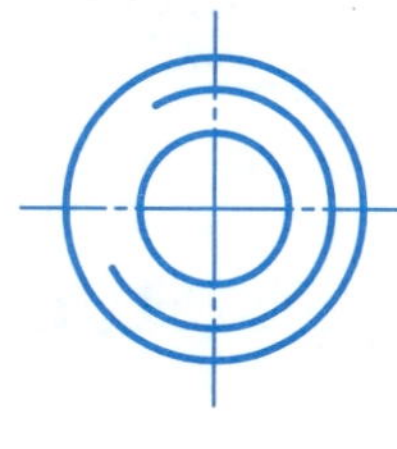

(4) 非螺纹密封管螺纹，尺寸代号1/2，左旋。

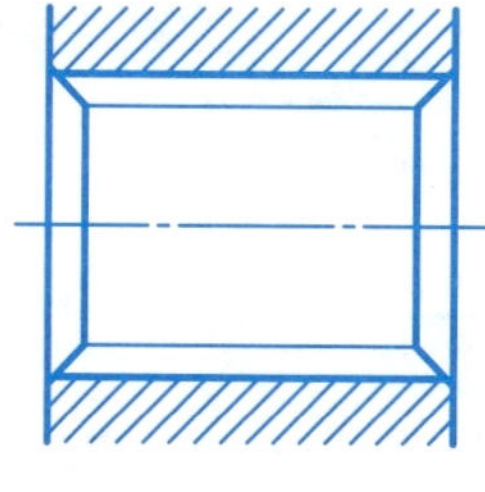

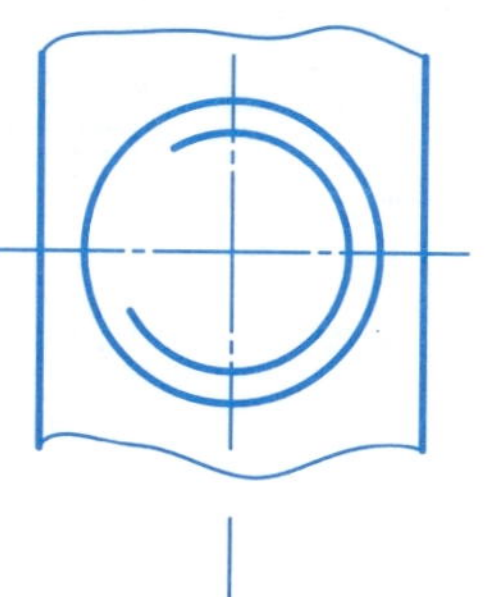

班级　　姓名　　学号

8-2 分析下列螺纹画法的错误，在指定位置画出正确的视图，并标注螺纹及螺纹副的标记。

(1)粗牙普通螺纹：公称直径12，右旋，中径公差带代号4H，顶径公差带代号5H，中等旋合长度。

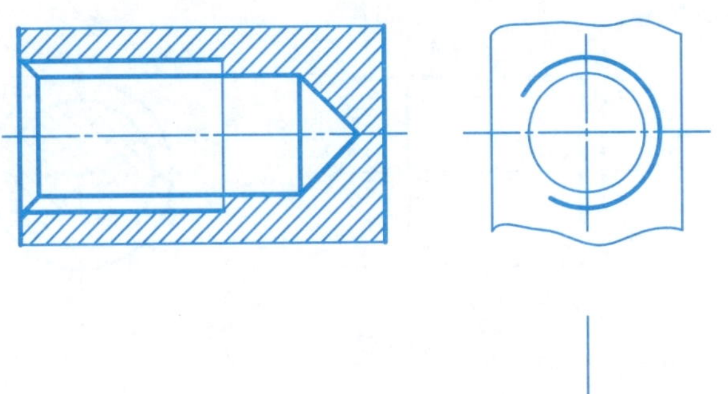

(2)细牙普通螺纹：公称直径12，螺距1，右旋，中径和顶径公差带代号7H，长旋合长度。

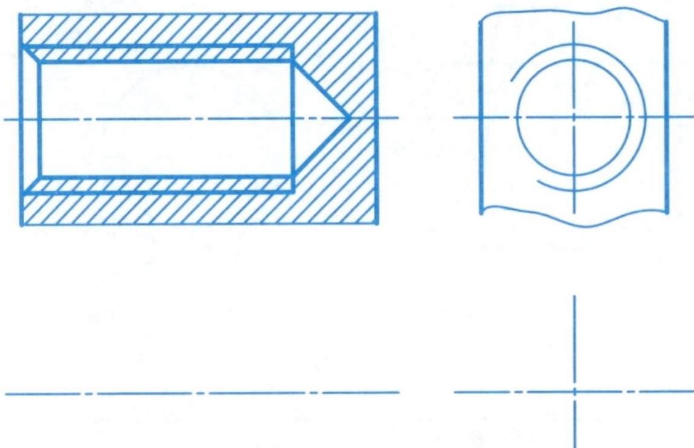

(3)非螺纹密封的管螺纹，尺寸代号1/4，右旋。螺纹公差等级代号B级。

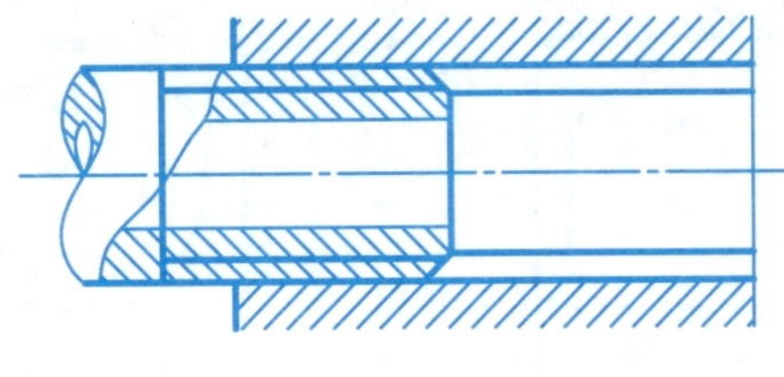

(4)粗牙普通螺纹：公称直径20，右旋，内螺纹公差带代号6H，外螺纹公差带代号6g，中等旋合长度。

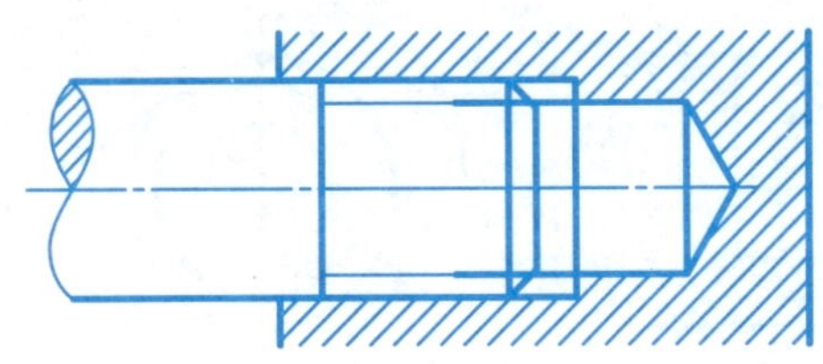

8-3 指出下面螺栓连接的错误，并在指定位置画出正确的图形。

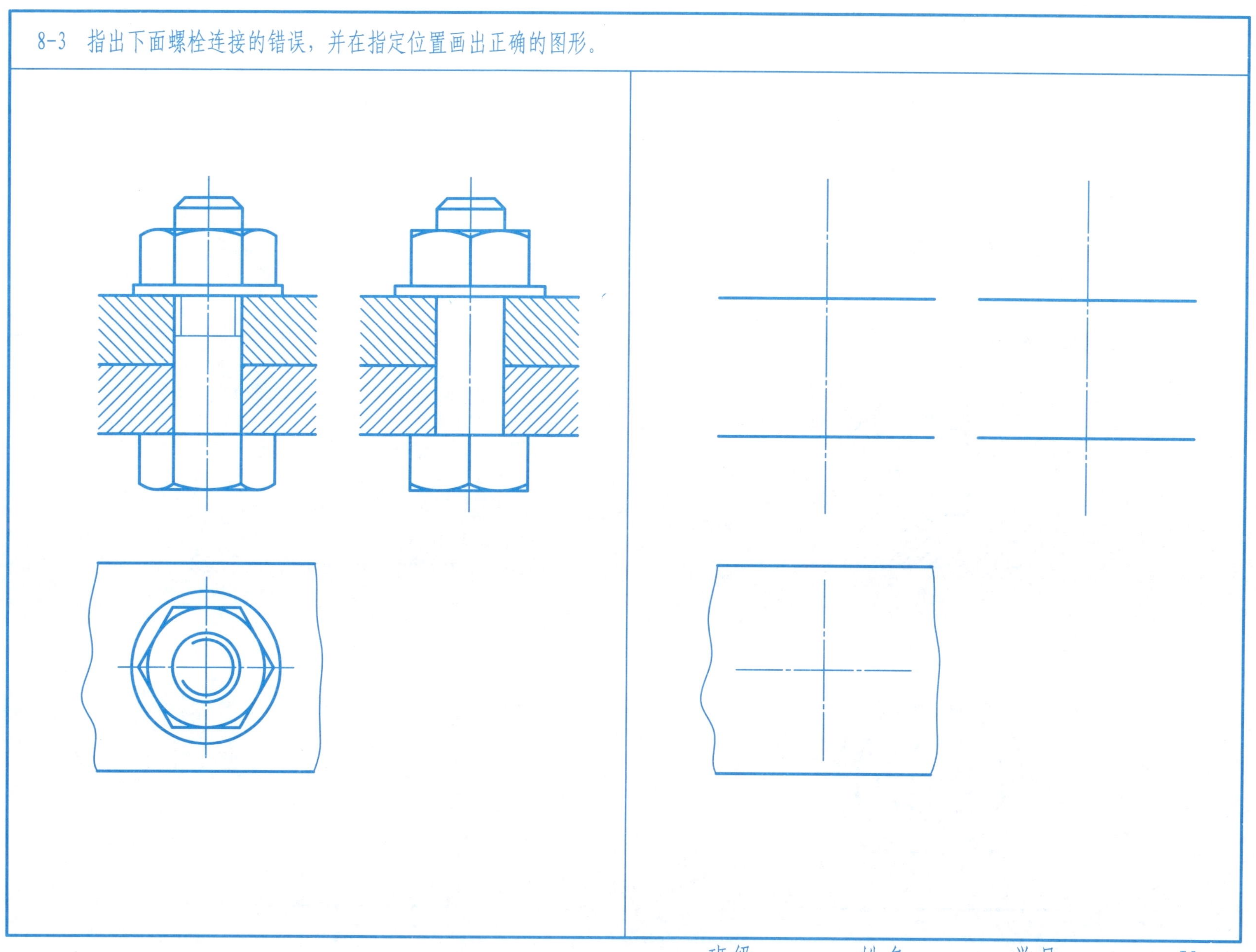

8-4 指出下面双头螺柱连接的错误，并在指定位置画出正确的图形。

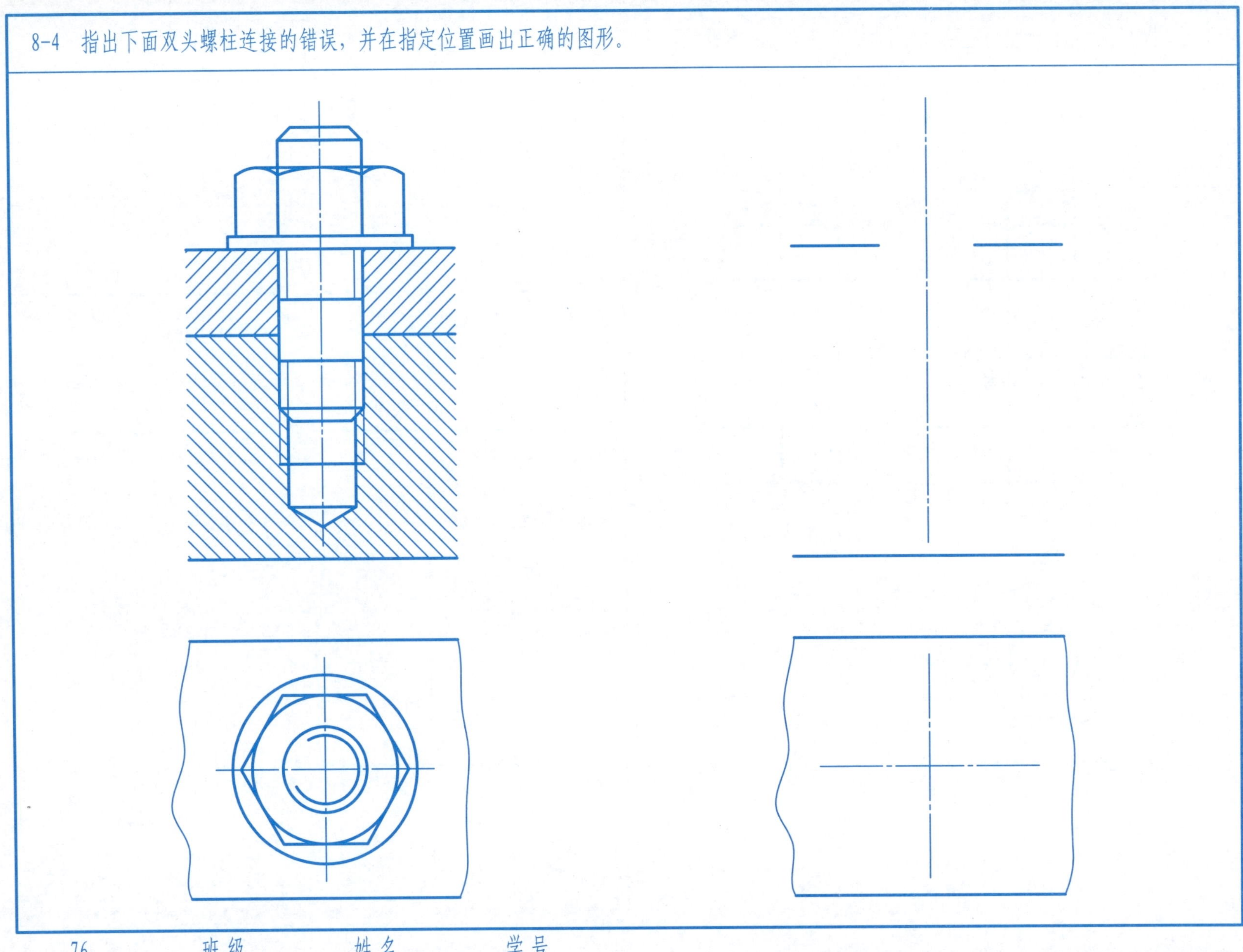

8-5 指出下面螺钉连接的错误，并在指定位置画出正确的图形。

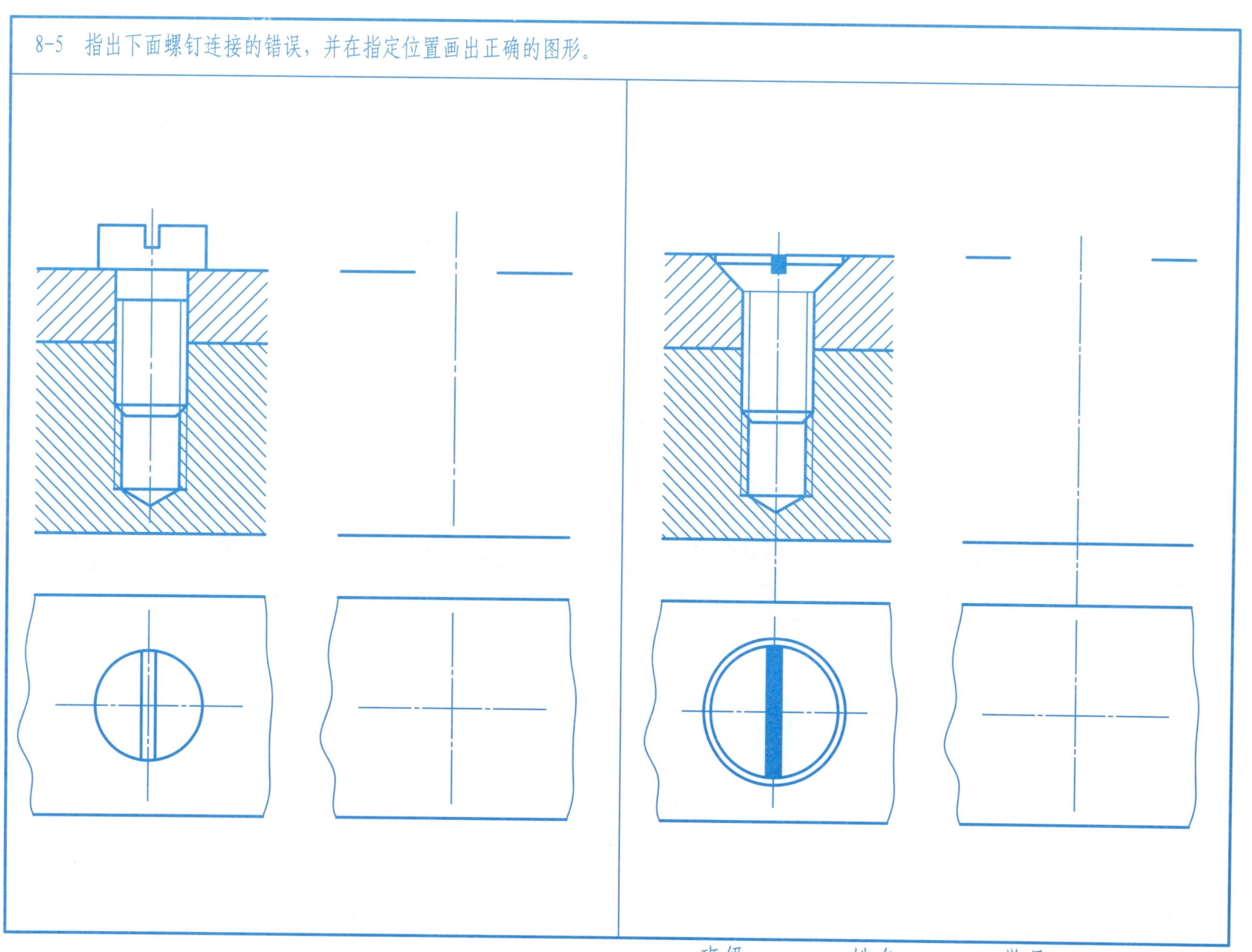

8-6　根据已知条件，用比例画法画出螺栓连接的三视图。

已知两零件的厚度：$\delta_1=16$，$\delta_2=24$，零件的孔径为14，请选择适当的螺栓连接，画出连接图，并在图纸的右下角注明各螺纹紧固件的规定标记。

8-7 采用键连接轮和轴，查表确定键与槽的有关尺寸。完成下列图形。

(1) 普通平键。

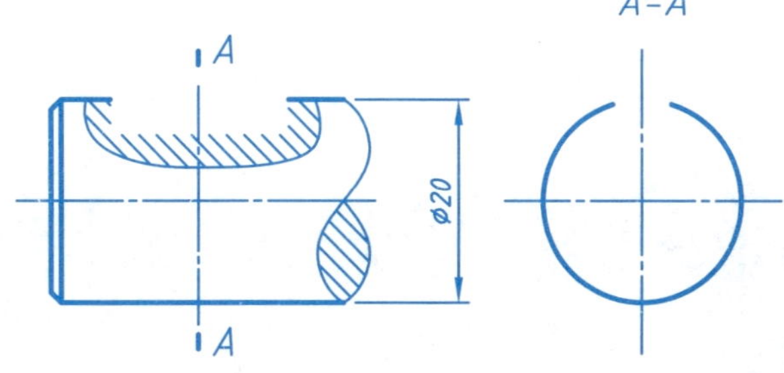

(2) 普通平键。

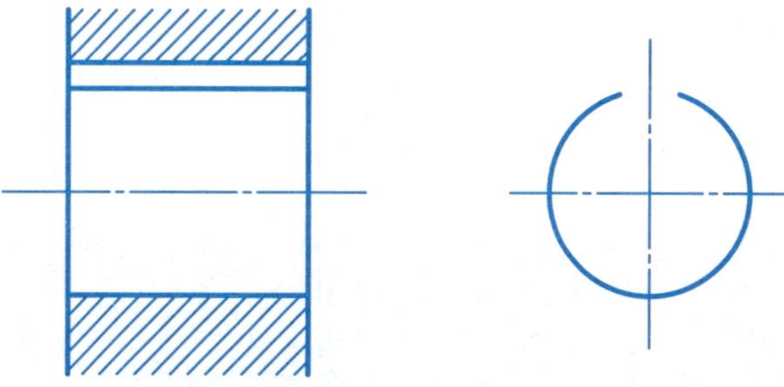

(3) 普通平键。完成图形，并写出键的标记。

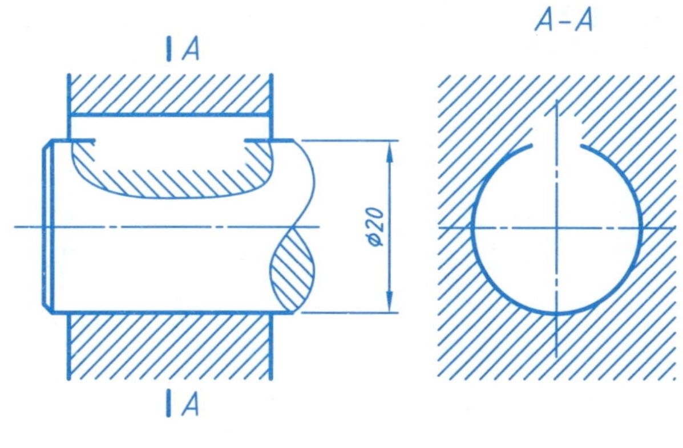

(4) 半圆键，完成图形，并写出键的标记。

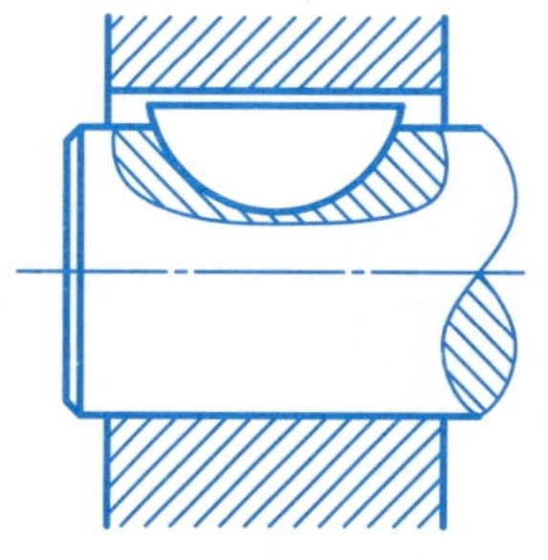

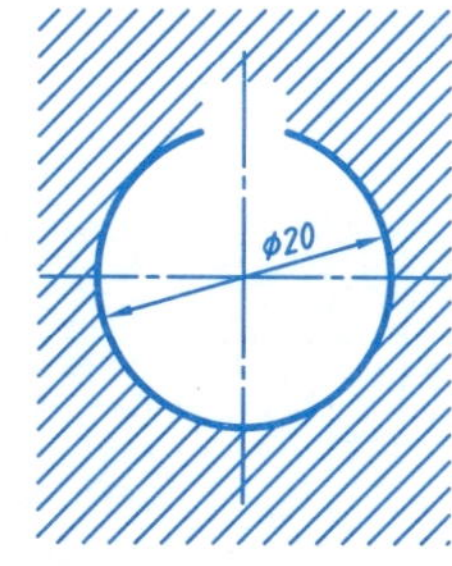

8-8 完成销连接图，并进行标注。

(1) 用公称直径d=6的圆柱销进行连接，选择销的长度，完成下图。

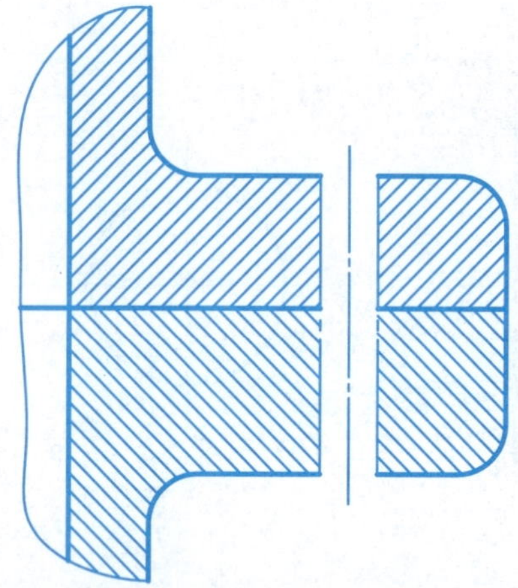

(2) 用公称直径d=8的圆锥销进行连接，选择销的长度，完成下图。

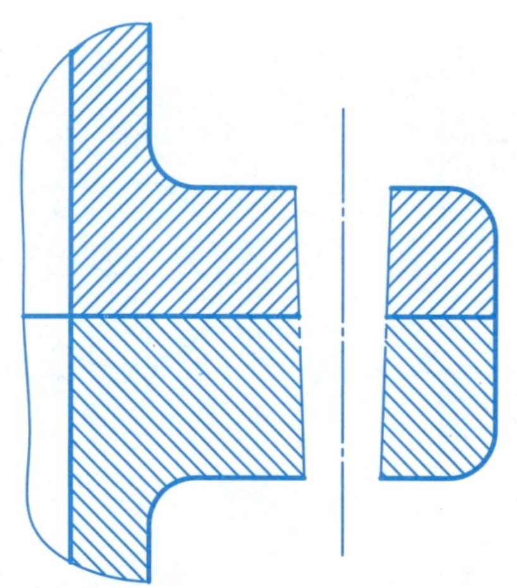

8-9 补画直齿圆柱齿轮的轮齿部分。

用1∶1的比例，补画直齿圆柱齿轮的轮齿部分的图形，并标柱其主要尺寸（已知：模数m=2，齿数z=40）。

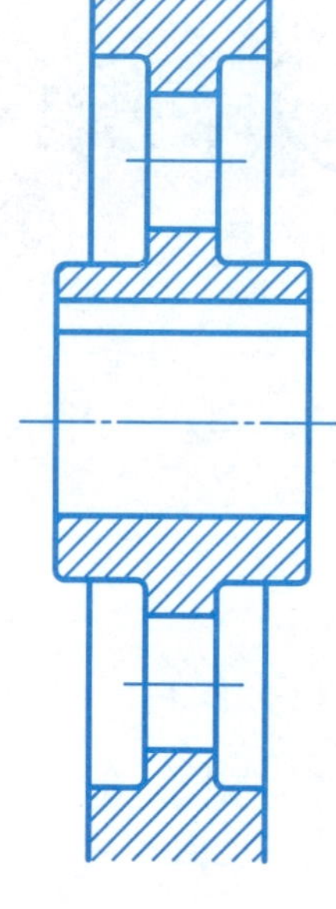

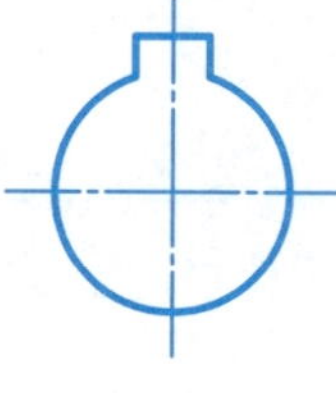

 班级 姓名 学号

8-10　完成一对直齿圆柱齿轮的啮合图。

已知：两齿轮的模数m=2.5，齿宽均为16，大齿轮的齿数 z_1=32，小齿轮的齿数 z_2=16，大齿轮的轴孔直径为16，小齿轮的轴孔直径为14。小齿轮的结构为圆板状齿轮（比例1：1）。

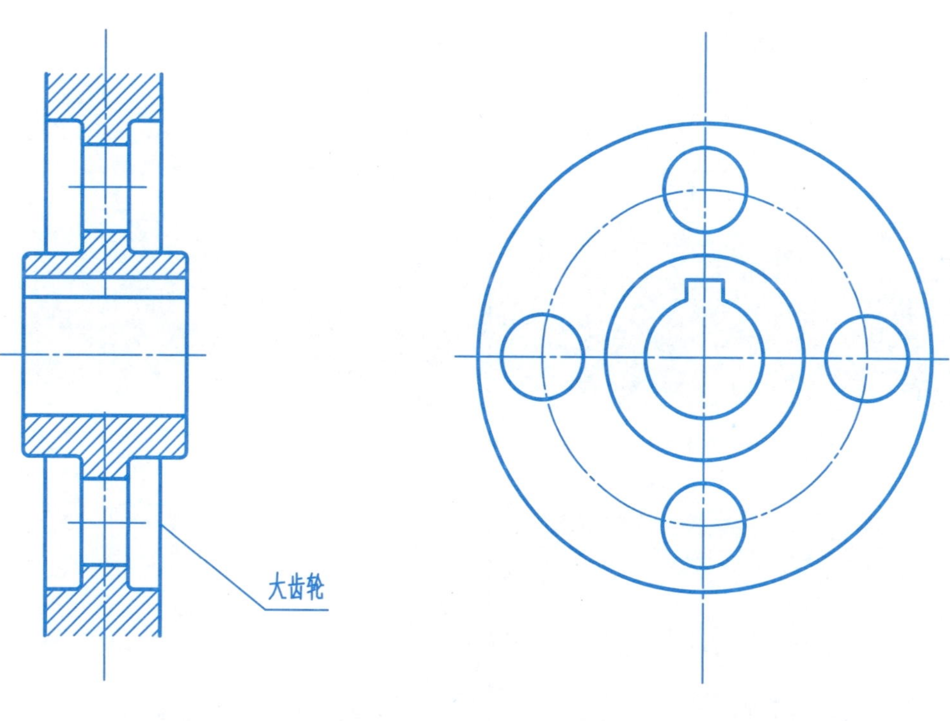

8-11 已知圆柱螺旋压缩弹簧，绘制弹簧工作图。

(1)已知簧丝直径 d=6，弹簧外径 D=48，节距 t=12，有效圈数 n=6 支承圈数 n_1=2.5，右旋，绘制弹簧的剖视图。

(2)已知簧丝直径 d=5，弹簧外径 D=40，节距 t=10，有效圈数 n=6 支承圈数 n_2=2.5，左旋，绘制弹簧的工作图，并进行适当标注。

 班级 姓名 学号

8-12 查表用特征画法绘制滚动轴承的剖视图。

(1)深沟球轴承6010。

(2)圆锥滚子轴承30209。

9-1 分析下列零件图中不合理的尺寸标注，并将正确的尺寸标注及缺少的尺寸标注在下图中。

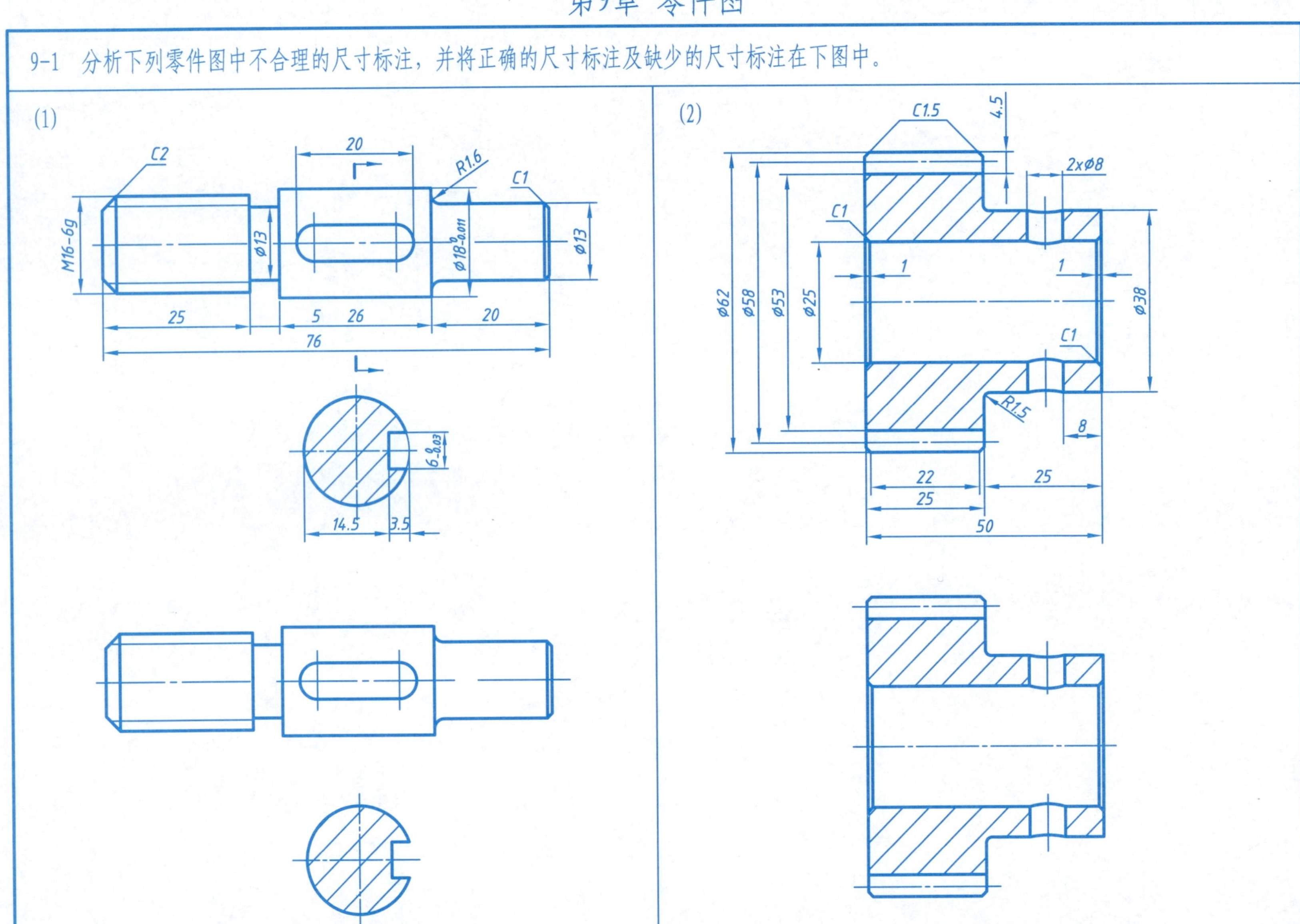

 班级 姓名 学号

9-2 在指定位置将下列旁注法改为普通尺寸注法。

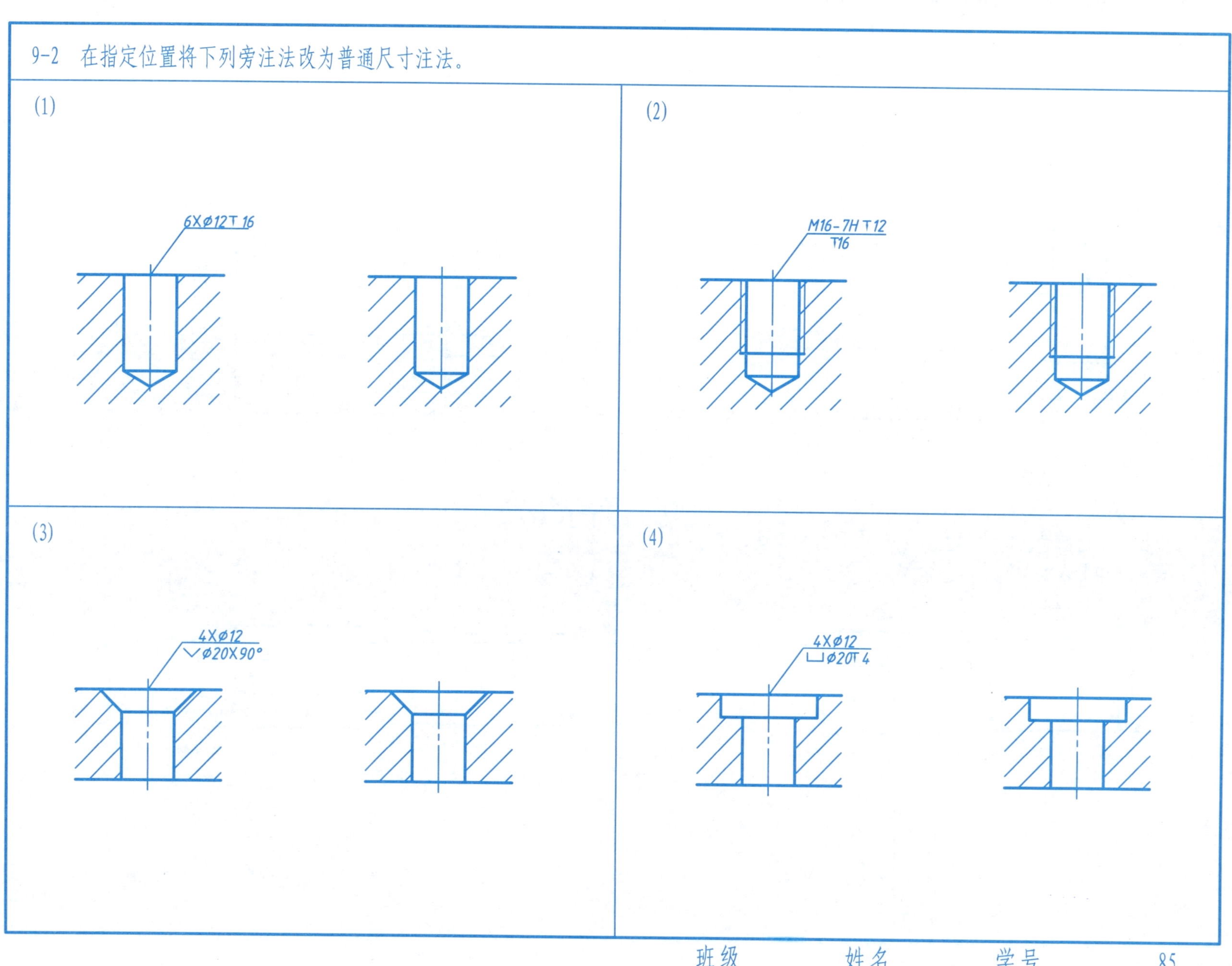

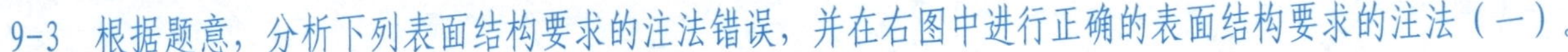

9-3 根据题意，分析下列表面结构要求的注法错误，并在右图中进行正确的表面结构要求的注法（一）。

(1) 螺纹工作面的表面结构要求为 √Ra1.6 ，右端面为 √Ra3.2 ，其余为 √Ra6.3 。

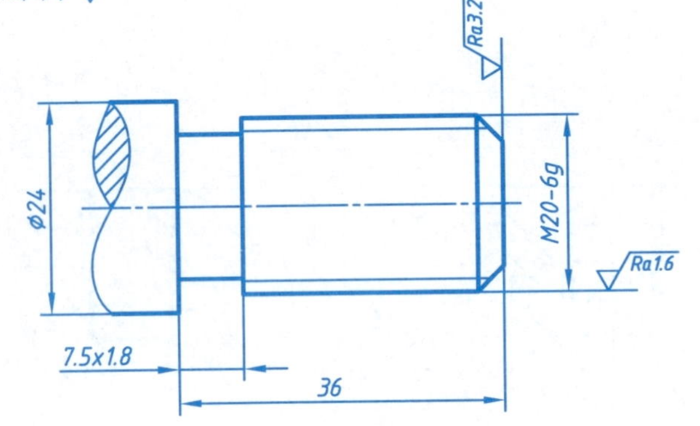

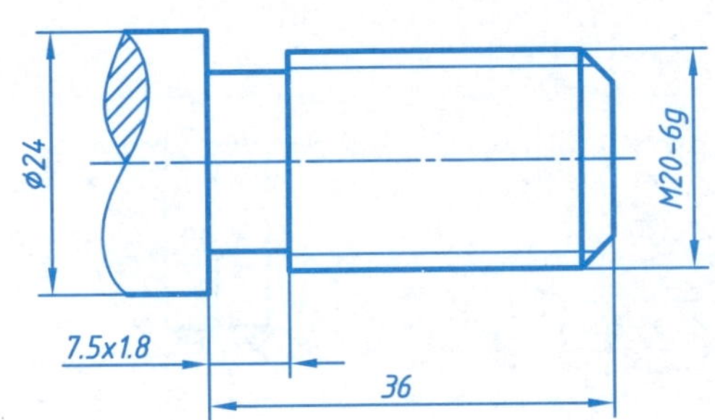

(2) 螺纹工作面的表面结构要求为 √Ra3.2 ，键槽两侧、槽底的表面结构要求如图所示，其余为 √Ra12.5 。

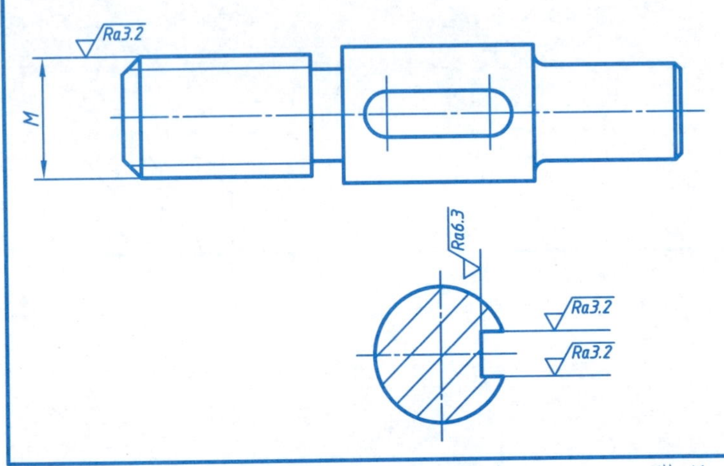

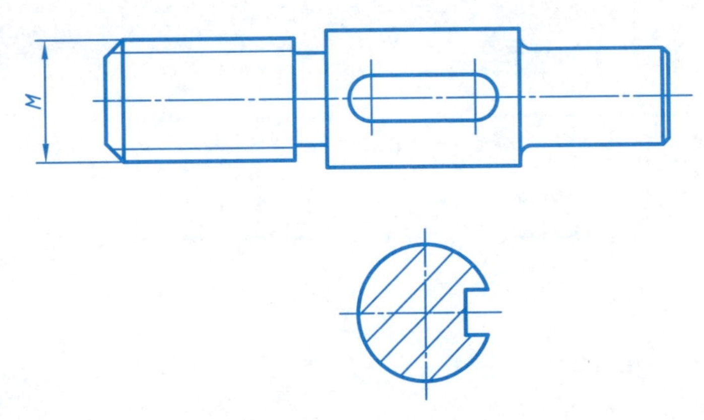

9-3 根据题意，分析下列表面结构要求的注法错误，并在右图中进行正确的表面结构要求的注法（二）。

（3）齿轮工作表面的表面结构要求为 $\sqrt{Ra0.8}$，齿顶面、键槽两侧、槽底、轴孔等的表面结构要求如图所示，其余为 $\sqrt{Ra12.5}$。

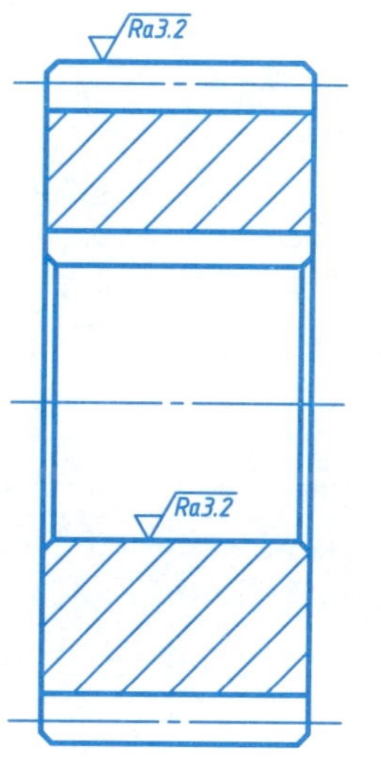

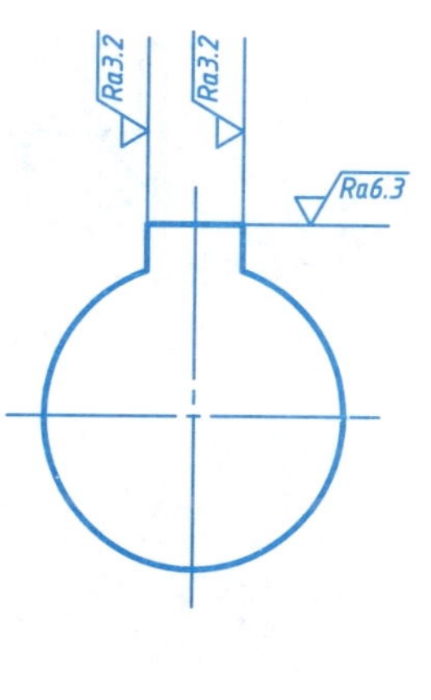

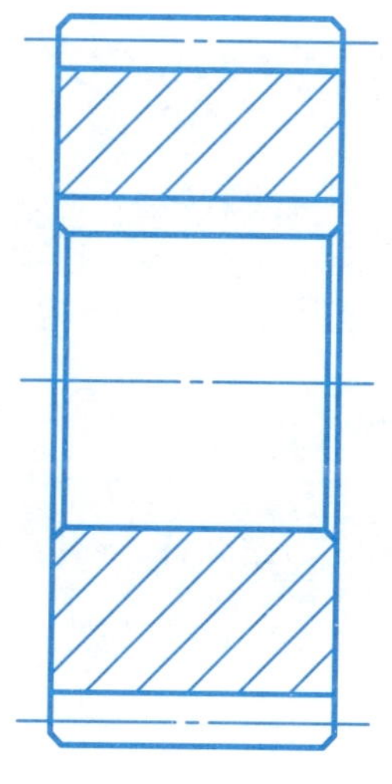

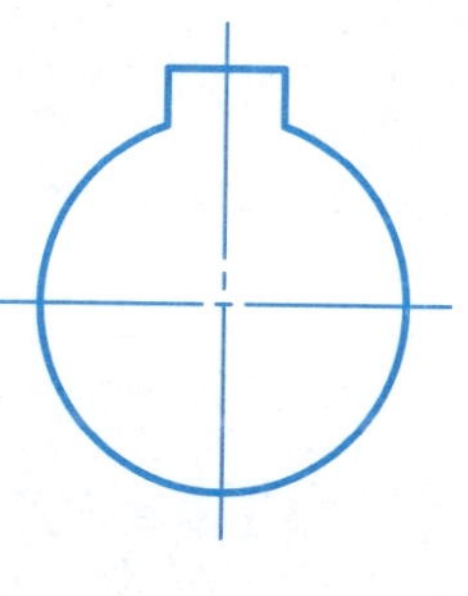

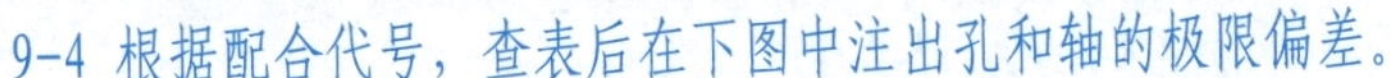
9-4 根据配合代号，查表后在下图中注出孔和轴的极限偏差。

(1)

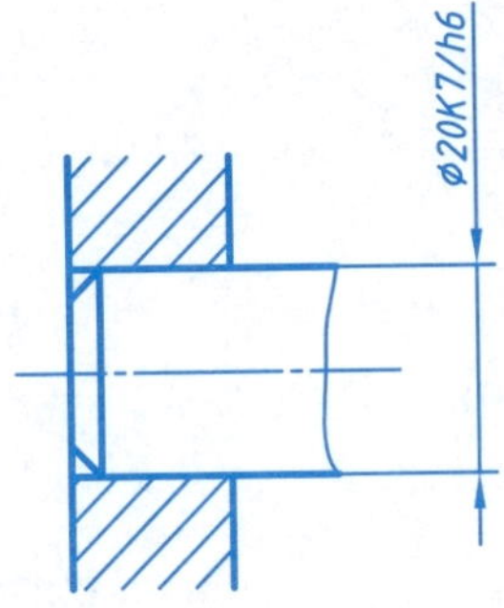

配合的基准制为基____制。

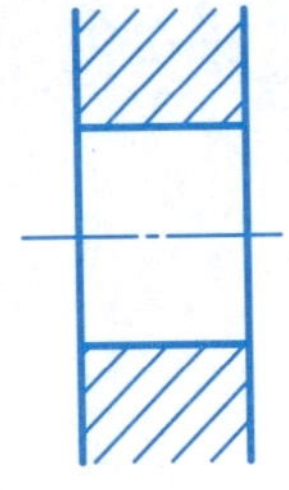

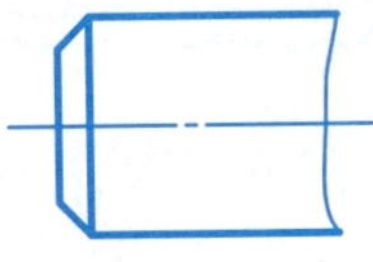

(2)

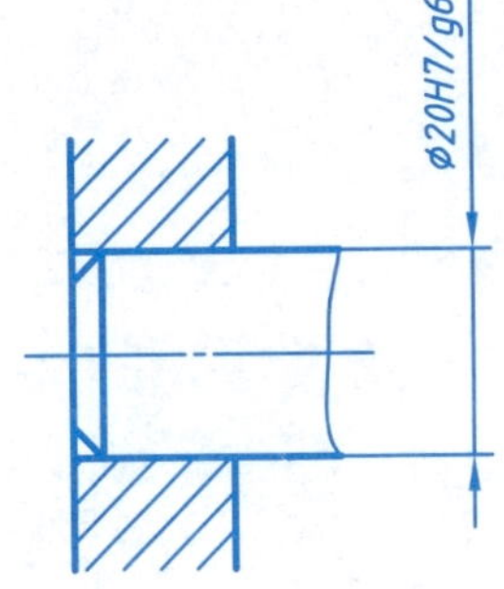

配合的基准制为基____制。

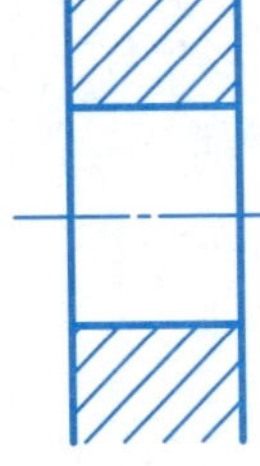

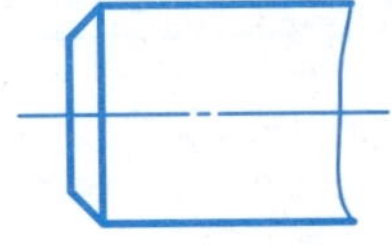

9-5 根据装配图上的配合代号，标注零件图。

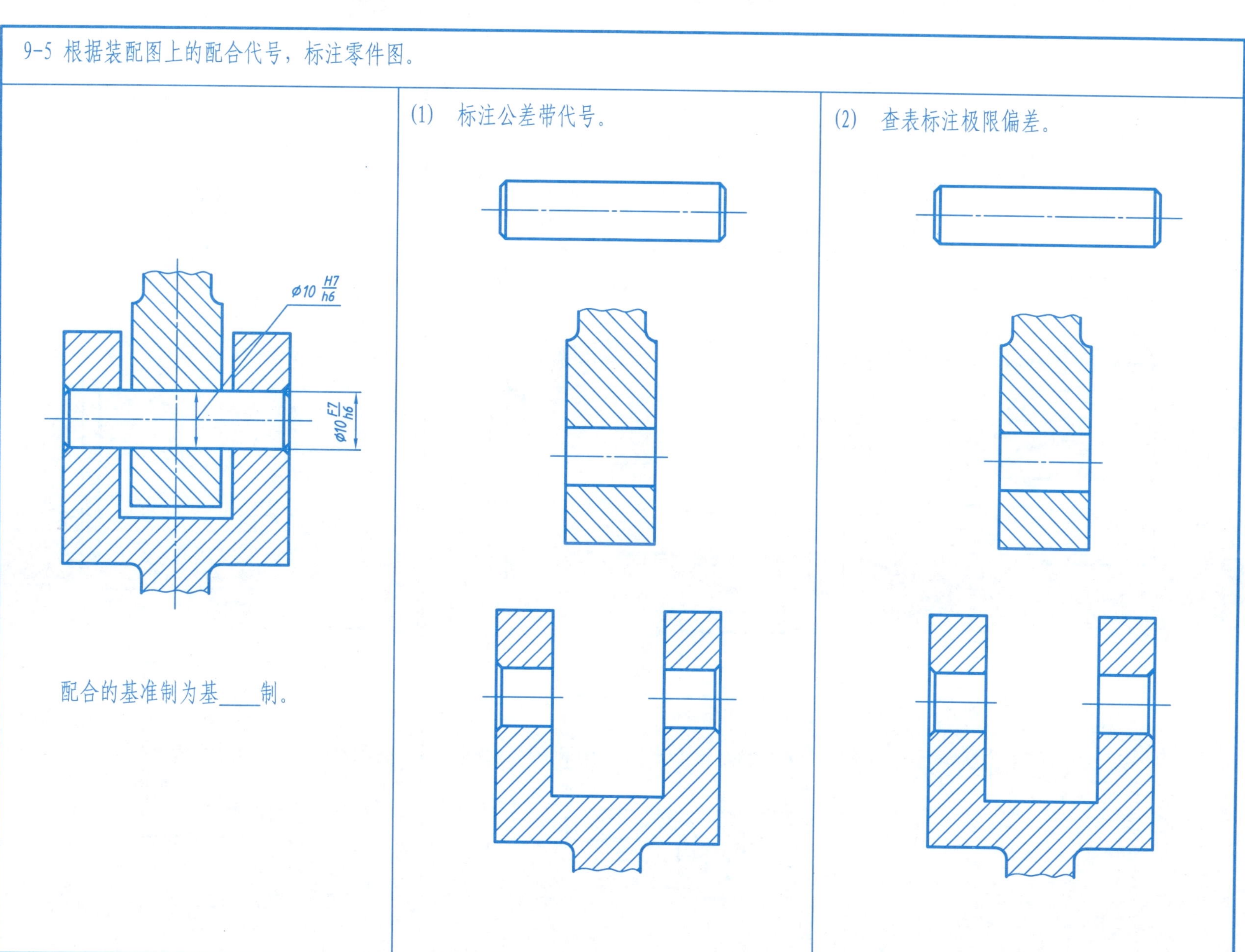

9-6 根据装配图上的配合代号，标注零件图。

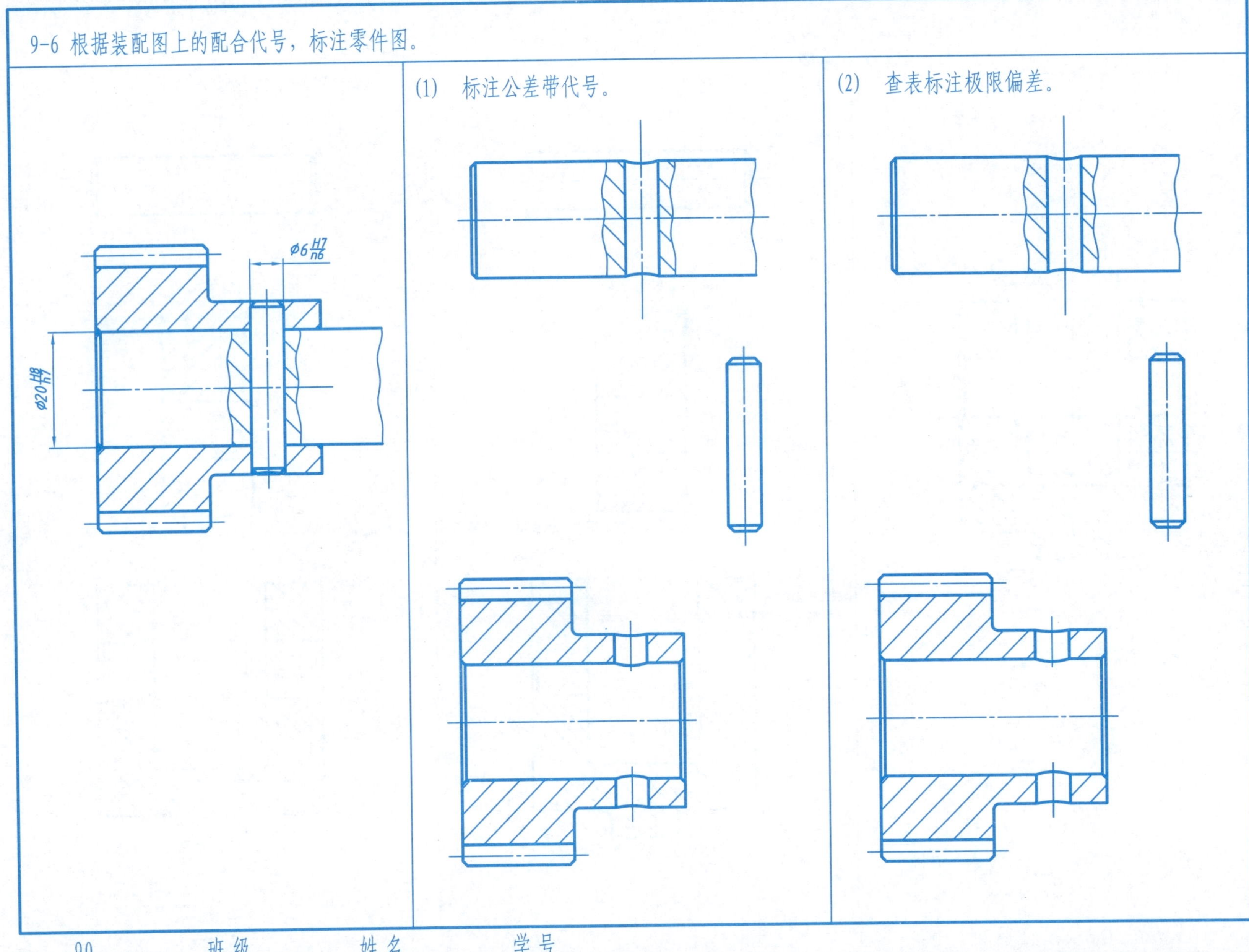

(1) 标注公差带代号。

(2) 查表标注极限偏差。

9-7 几何公差。

(1)用公差框格将下列几何公差要求标注在零件图中:

1)ϕ13h6的圆度公差为0.006。

2)ϕ13h6与ϕ18h7的同轴度公差为0.02。

3)右端面对ϕ13h6的垂直度公差为0.04。

4)键槽6H9对ϕ18h7轴线的对称度公差为0.03。

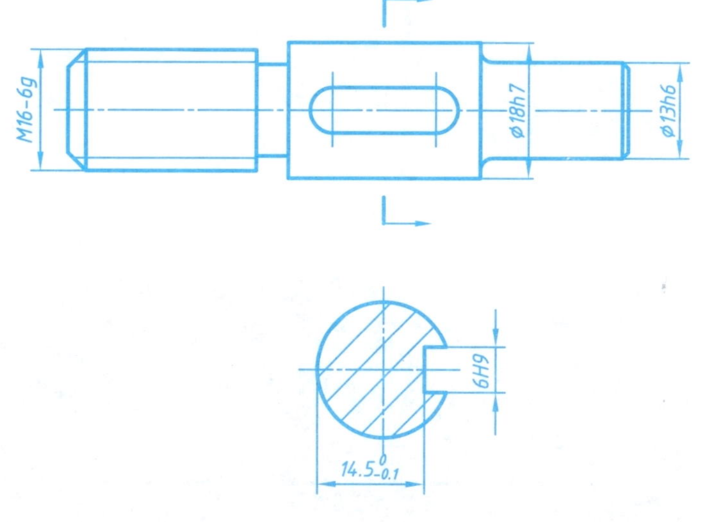

(1)用公差框格将下列几何公差要求标注在零件图中:

1)左端面的圆跳动公差为0.03。

2)ϕ20h7轴线的直线度公差为0.01。

3)ϕ30k9对于ϕ20h7的同轴度公差为0.02。

4)左端面对ϕ20h7的垂直度公差为0.04。

5)右端面对于左端面的平行度公差为0.05。

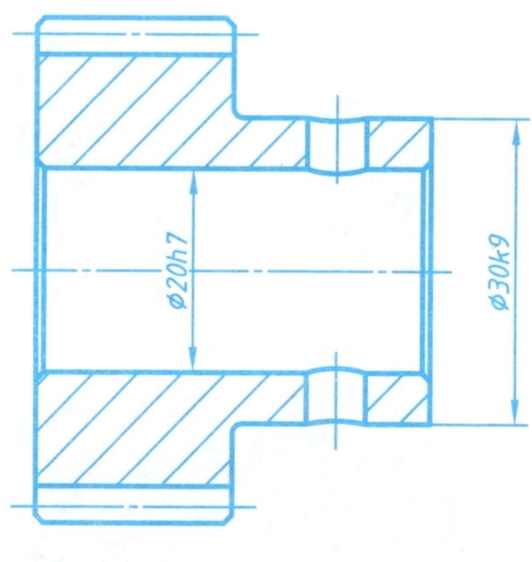

9-8 读零件工作图。

模数	3
特性系数	12
头数	1
压力角	20°
螺旋角	4°45′49″
旋向	左旋

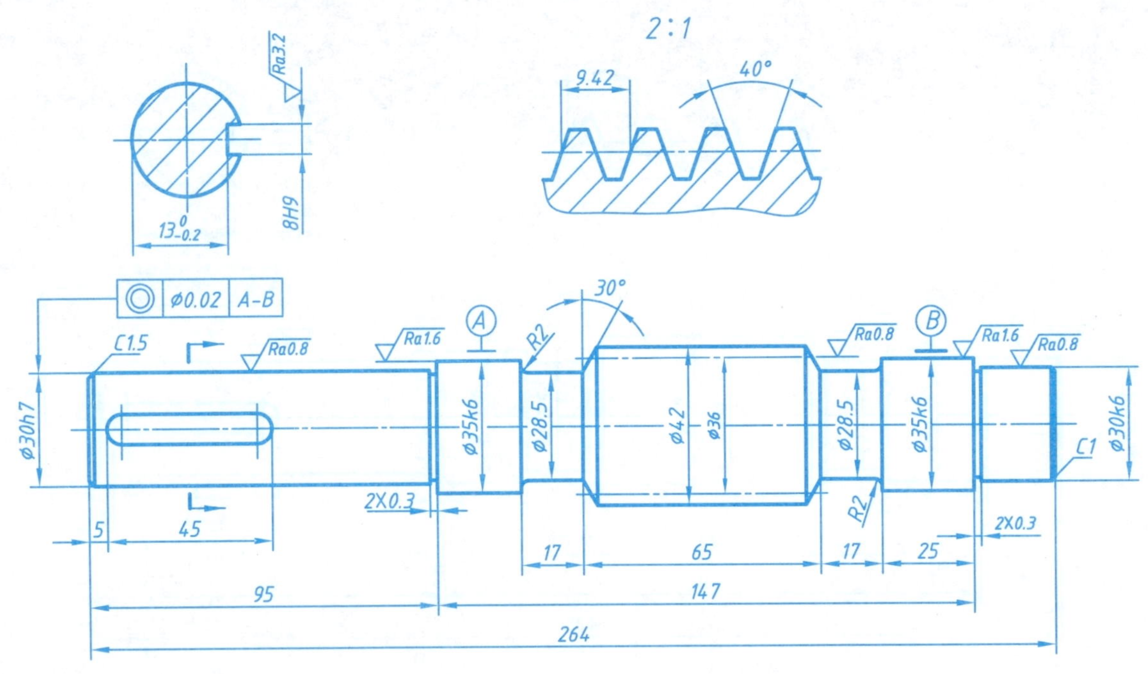

技术要求

1. 轮齿部分在粗加工后进行调质处理 200-250HBS。

2. 锐边倒钝。

提示：这是蜗杆的零件图，蜗杆的画法与圆柱齿轮相似，以局部剖视表示蜗杆齿形。

读图要求：1. 图中采用了哪些表达方法？

2. 该零件有哪些工艺结构？

3. 该零件的形位公差表示什么意思？

设计		(日期)	材料	45	(校名)
校核			比例	1:1	蜗杆
审核					
班级	学号		共8张 第3张		XT2005-01-03

 班级 姓名 学号

9-9 读零件工作图。

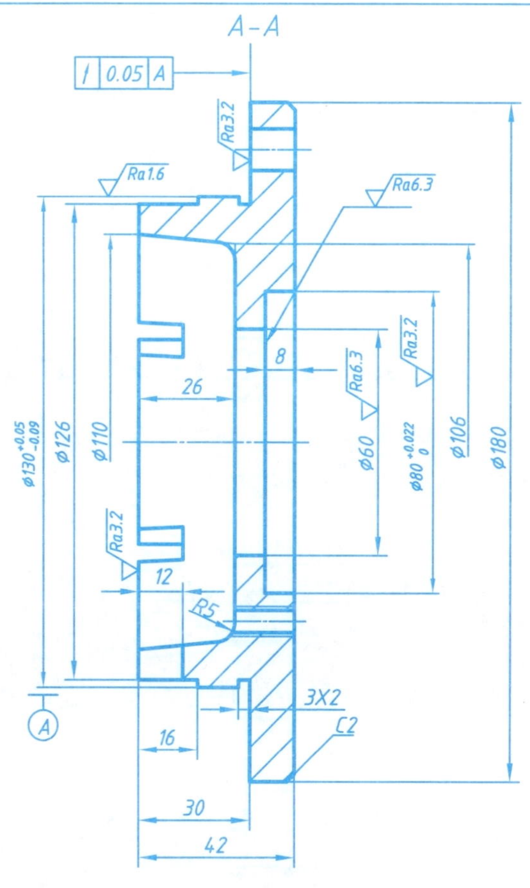

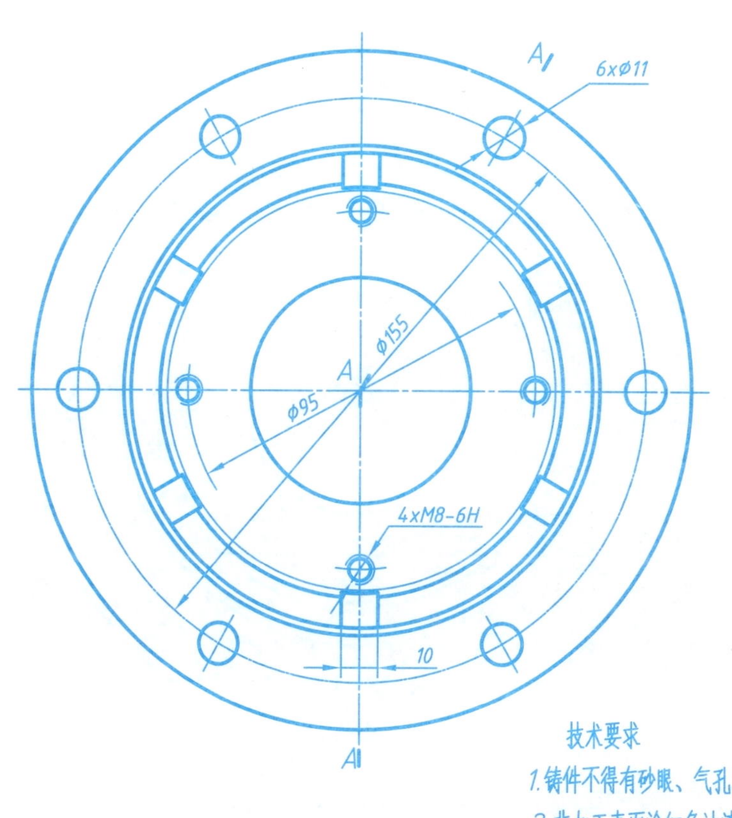

技术要求

1.铸件不得有砂眼、气孔。

2.非加工表面涂红色油漆。

3.未注倒角C1。

读图要求：1.分析压盖的结构形状及剖切方法。

2.分析压盖的尺寸注法，找出三个方向的基准。

3.该零件还可以采用什么表达方案？

设计		(日期)	材料	HT200	(校 名)
校核			比例	1:1	压 盖
审核					
班级		学号	共8张 第3张		XT2005-02-03

9-10 读零件工作图。

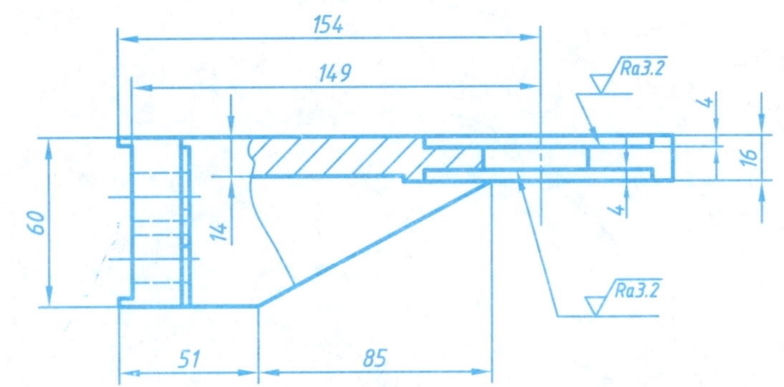

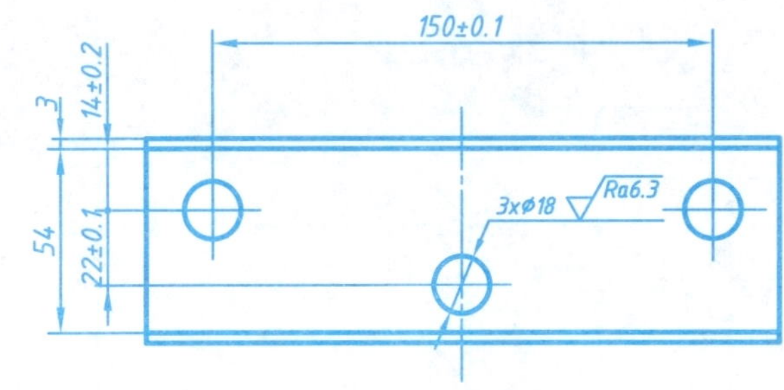

技术要求

1.铸件不得有砂眼、气孔。

2.铸造圆角R3-R5。

读图要求：1.分析减振器座的结构形状及剖切方法。

2.分析减振器座的尺寸注法，找出三个方向的基准。

3.请用合适的表达方案绘制该零件图。

设计		(日期)	材料	ZG230-450	(校 名)
校核			比例	1:1	减振器座
审核					
班级	学号		共8张 第3张		XT2005-02-03

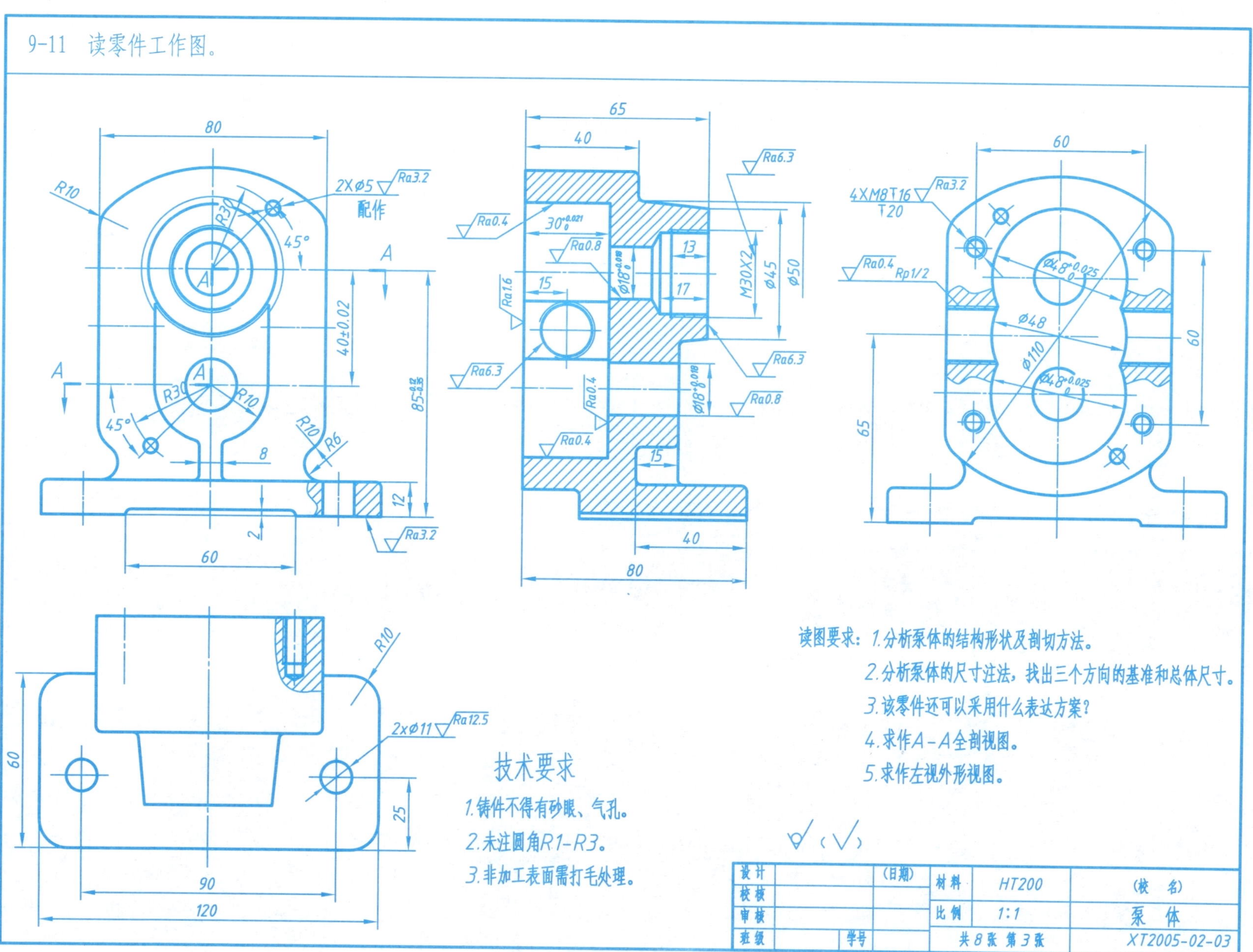
9-11 读零件工作图。
2×ϕ5 配作
4×M8↧16 ↧20
Rp1/2
M30×2
技术要求
1.铸件不得有砂眼、气孔。
2.未注圆角R1-R3。
3.非加工表面需打毛处理。
读图要求：1.分析泵体的结构形状及剖切方法。
2.分析泵体的尺寸注法，找出三个方向的基准和总体尺寸。
3.该零件还可以采用什么表达方案？
4.求作A-A全剖视图。
5.求作左视外形视图。
设计
校核
审核
班级
学号
(日期)
材料
HT200
比例
1:1
共8张 第3张
(校 名)
泵 体
XT2005-02-03

9-12 零件测绘。

(1) 零件测绘

测绘简单的轴、盘盖、叉架、箱体类零件中的两个零件，用A3图纸画出其零件的草图。

1) 根据所测零件的结构特点，选择合适的主视图，确定视图的数量和表达方法。应提出几种表达方案加以对比，然后，选取一种最佳的表达方案。

2) 画零件草图时，应按目测比例徒手绘制图形，不得使用任何绘图工具。

3) 测量尺寸时，对零件上一些不重要的表面，如有小数，可取整数。

4) 对于零件上的标准结构或标准要素（如螺纹、键槽、销孔等）的尺寸，应根据所测数据，查对有关标准后确定。

5) 查阅有关资料，编写技术要求。

(2) 绘制零件图

将零件测绘时所画的零件草图绘制成零件图，用A3图幅的图纸。

10-1 由千斤顶的装配示意图和零件图，拼画装配图(一)。

千斤顶装配示意图

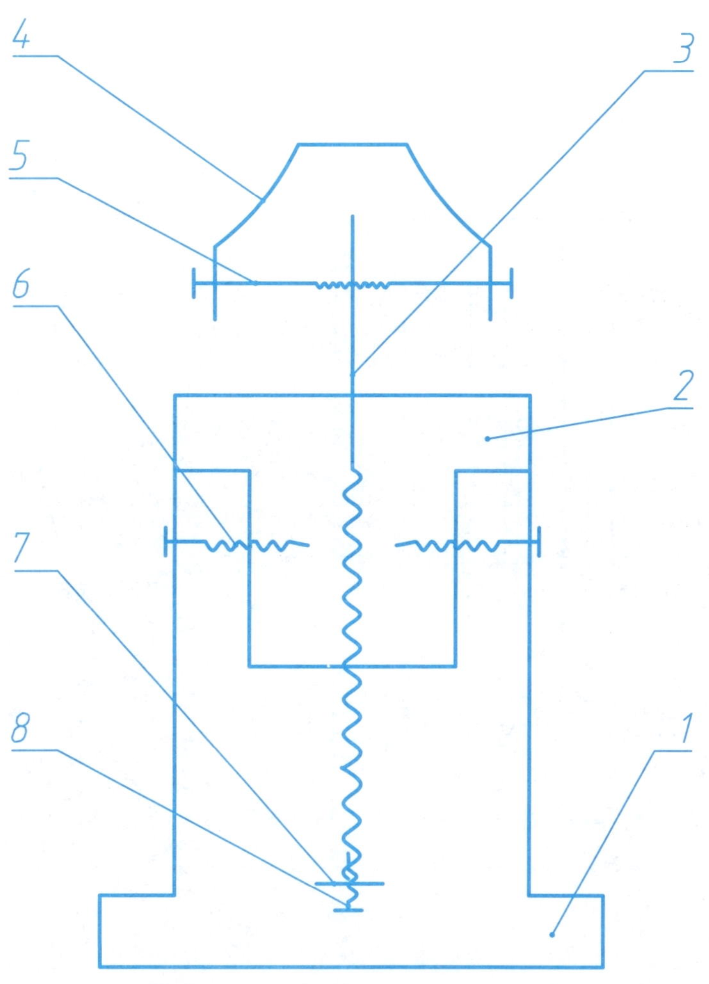

一、千斤顶工作原理

千斤顶利用螺纹传动来顶起重物，是机械安装或汽车修理的一种起重或顶压工具，使用时，须转动插在起重螺杆③上部圆孔中的横杠（未画出），使起重螺杆③向上升起，通过顶盖④将重物顶起。螺钉⑤的作用是防止顶盖④脱落。螺母②和底座①用螺钉⑥固定。档圈⑦的作用是防止起重螺杆③被旋出螺母②的内孔。

二、作业要求

1.对照千斤顶的装配示意图，读懂零件图。

2.按装配示意图所示关系画出装配图。

要求：

(1) 用1∶1的比例画图；

(2) 选择好视图方案，表达清楚其结构和装配关系；

(3) 标注装配图所需的尺寸；

(4) 按规定填写标题栏和明细栏。

8	螺钉 M6X16	1	35	GB/T 68-2000
7	挡圈 B45	1	35	GB/T 891-1986
6	螺钉 M8X18	2	35	GB/T 75-2000
5	螺钉 M6X16	2	35	GB/T 71-2000
4	顶盖	1	Q275	
3	起重螺杆	1	Q235B	
2	螺母	1	35	
1	底座	1	HT200	
序号	零件名称	数量	材料	备注

设计	(学生姓名)	(日期)		校名
校核				
审核			比例	千斤顶
班级	学号		共6张 第1张	NTY-ZY-01

10-1 由千斤顶的装配示意图和零件图，拼画装配图(二)。

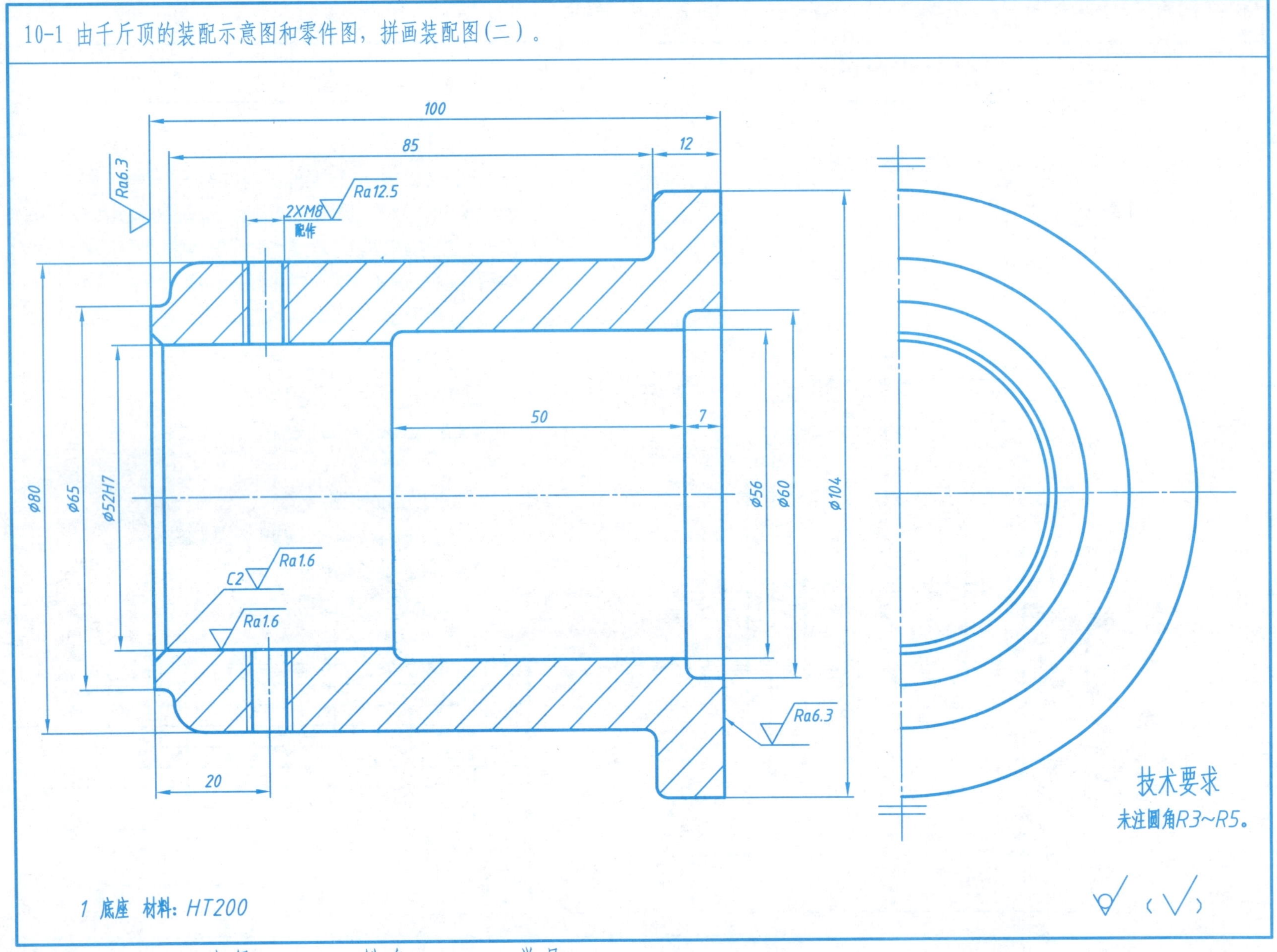

10-1 由千斤顶的装配示意图和零件图，拼画装配图(三)。

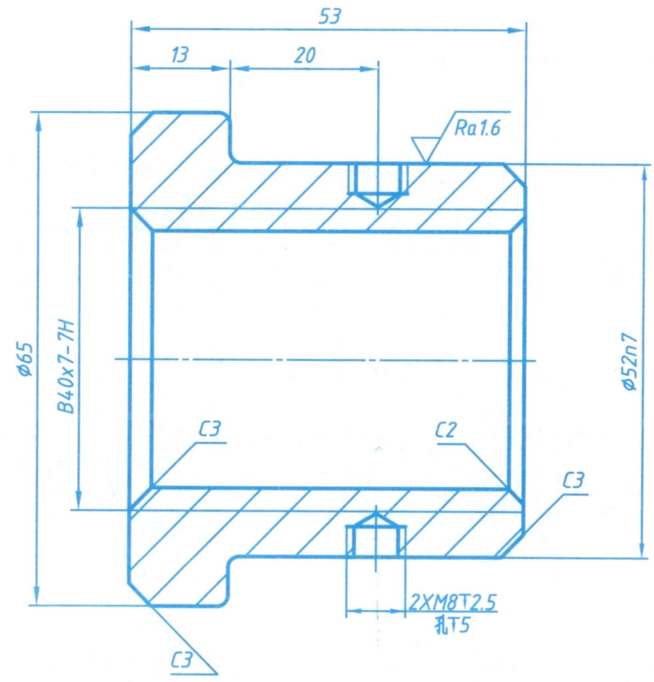

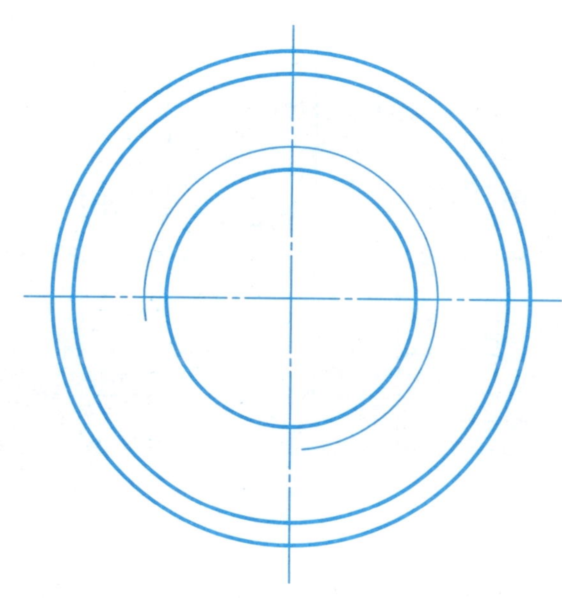

技术要求

未注圆角R1.5。

2 螺母 材料：35

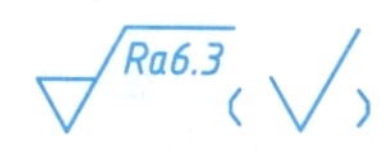

10-1 由千斤顶的装配示意图和零件图，拼画装配图(四)。

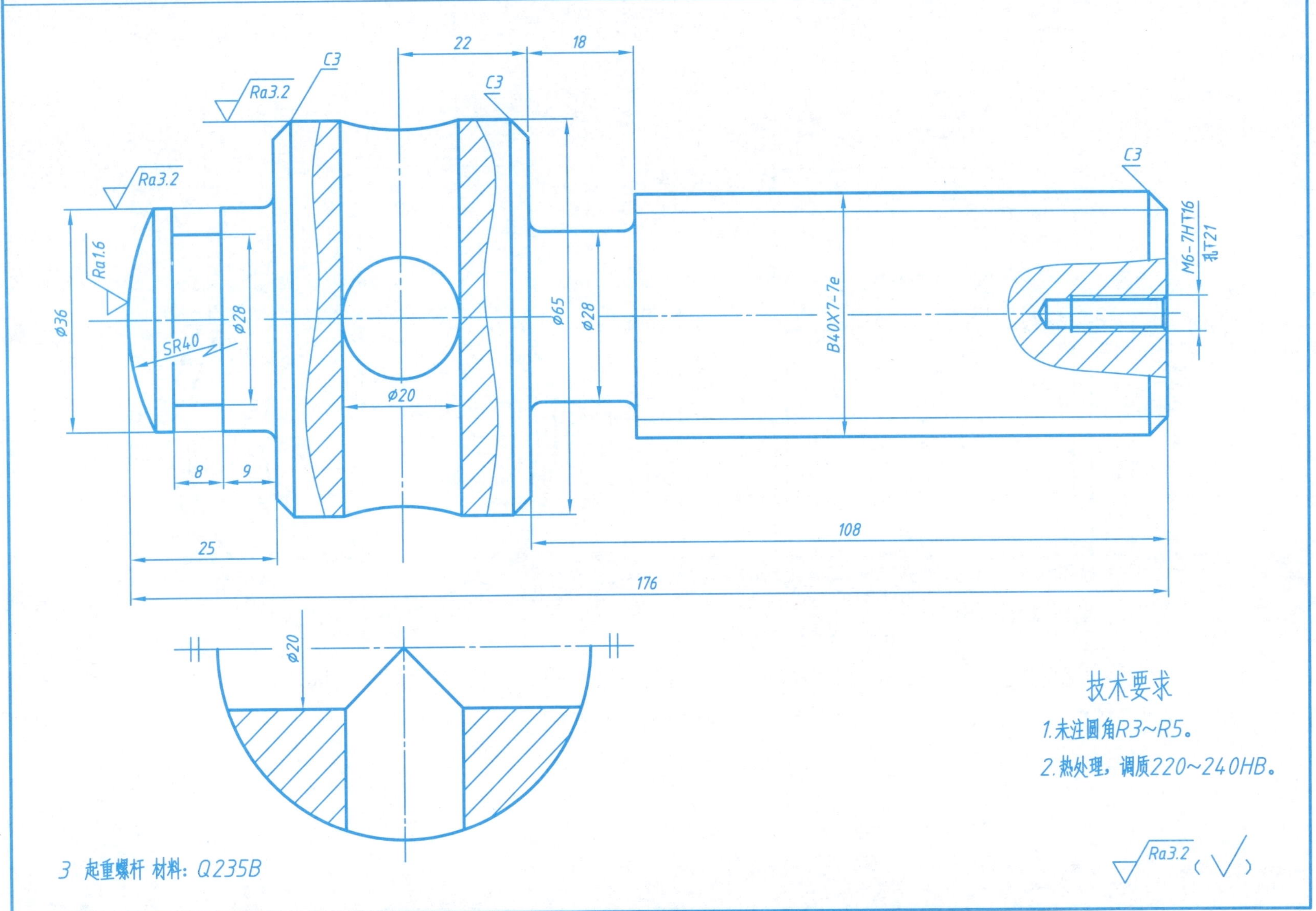

10-1 由千斤顶的装配示意图和零件图，拼画装配图(五)。

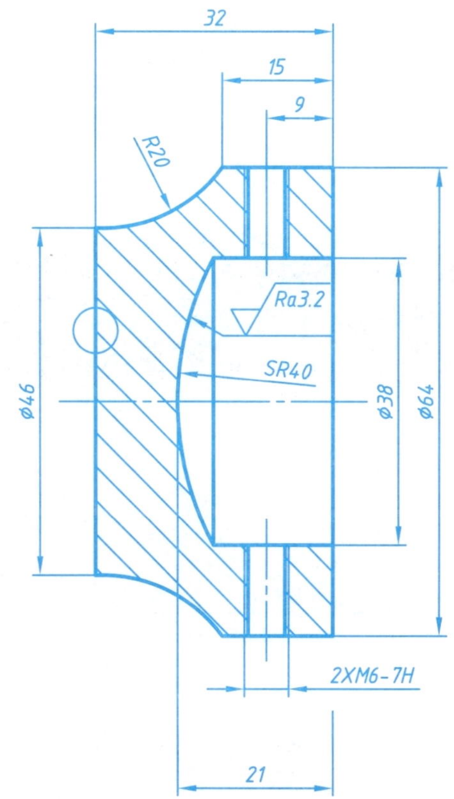

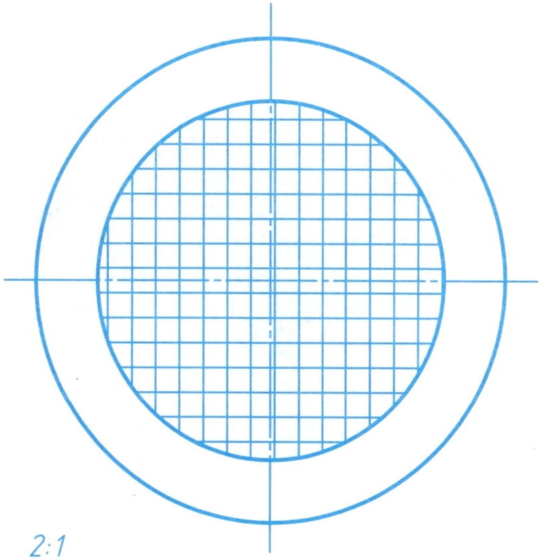

32
15
9
R20
Ra3.2
SR40
ϕ46
ϕ38
ϕ64
2XM6-7H
21
2:1
90° 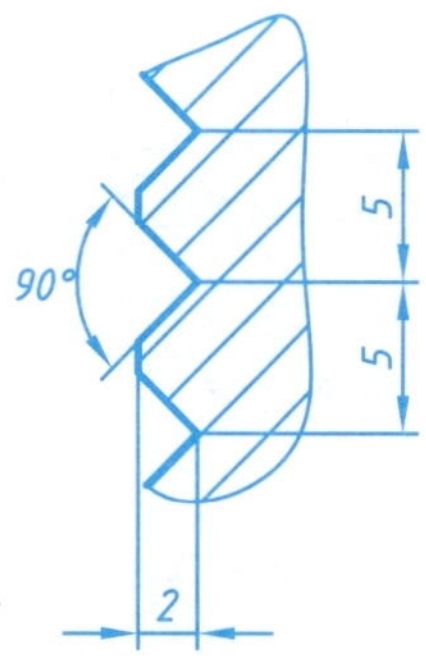
5
5
2

技术要求

未注倒角角C1。

Ra6.3 (√)

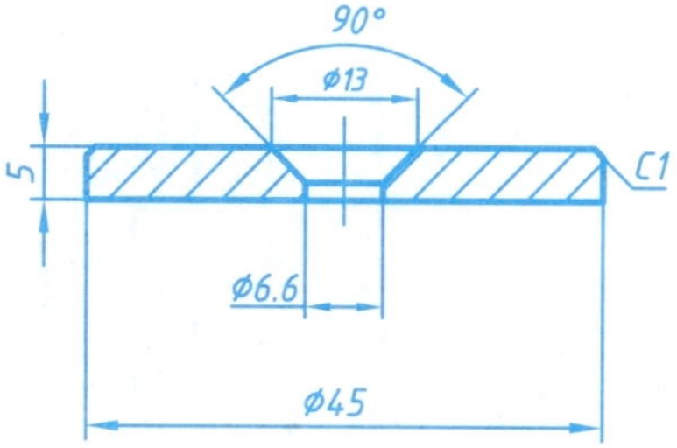

4 顶盖

90°
ϕ13
5
C1
ϕ6.6
ϕ45

技术要求

发黑。

7 挡圈

班级 姓名 学号

10-2 由齿轮油泵的装配示意图和零件图，拼画装配图(一)。

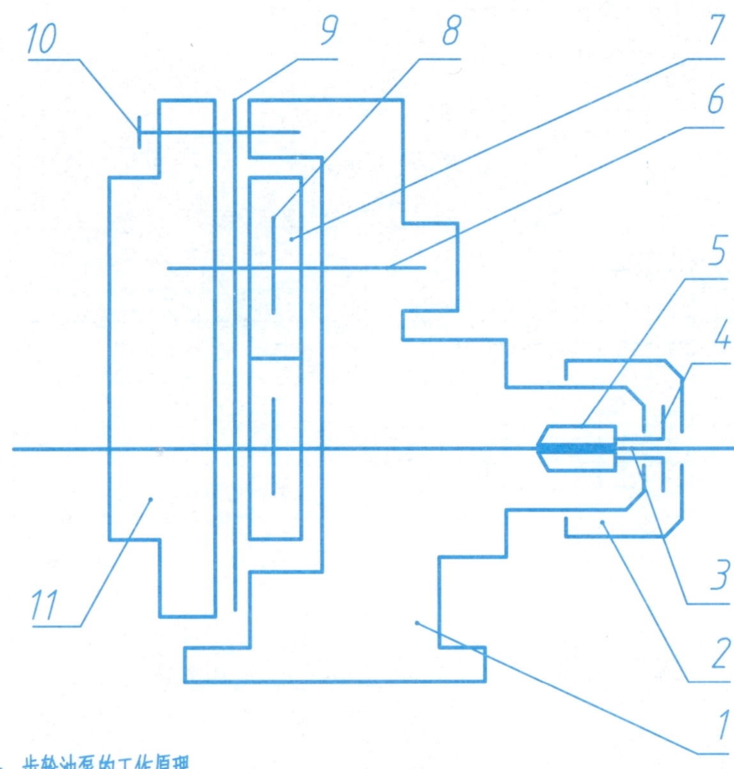

二、作业要求

1.对照齿轮油泵的装配示意图，读懂零件图。

2.按装配示意图所示关系画出装配图。

要求：

(1) 用1∶1的比例画图；

(2) 选择好视图方案，表达清楚其结构和装配关系；

(3) 标注装配图所需的尺寸；

(4) 按规定填写标题栏和明细栏。

一、齿轮油泵的工作原理

该油泵是应用于小型机床的润滑系统，其工作原理是靠一对齿轮的旋转运动，把油从低压区油孔吸入，加压到高压区油孔输出，经机床上输油管输送到需润滑的部位。其结构由泵体1、主动齿轮轴3、从动齿轮轴6、齿轮7、泵盖11等11种零件组成。为避免润滑油沿主动齿轮轴流出，在泵体1上设有密封装置。通过拧紧盖螺母2，填料压盖4将毛毡压紧，起密封作用。为防止润滑油沿泵体1和泵盖11连接处渗漏，中间加一垫片9，同时也可调整齿轮7与泵盖11的轴向间隙。泵体1上油的吸入孔与输出孔均用管螺纹G1/4与输油管连接。

11	泵盖	1	ZL4	
10	螺栓 M6x16	6	35	GB/T 5782-2000
9	垫片	1	工业用纸	
8	销 GB/T 119.1 4m6x28	2	35	GB/T 119.1-2000
7	齿轮	2	45	
6	从动齿轮轴	1	45	
5	填料	1	毛毡	
4	填料压盖	1	15	
3	主动齿轮轴	1	45	
2	盖螺母	1	ZL4	
1	泵体	1	ZL4	
序号	零件名称	数量	材料	备注

设计	(学生姓名)	(日期)			校名
校核					
审核			比例		齿轮油泵
班级	学号		共6张 第1张		NTY-ZY-02

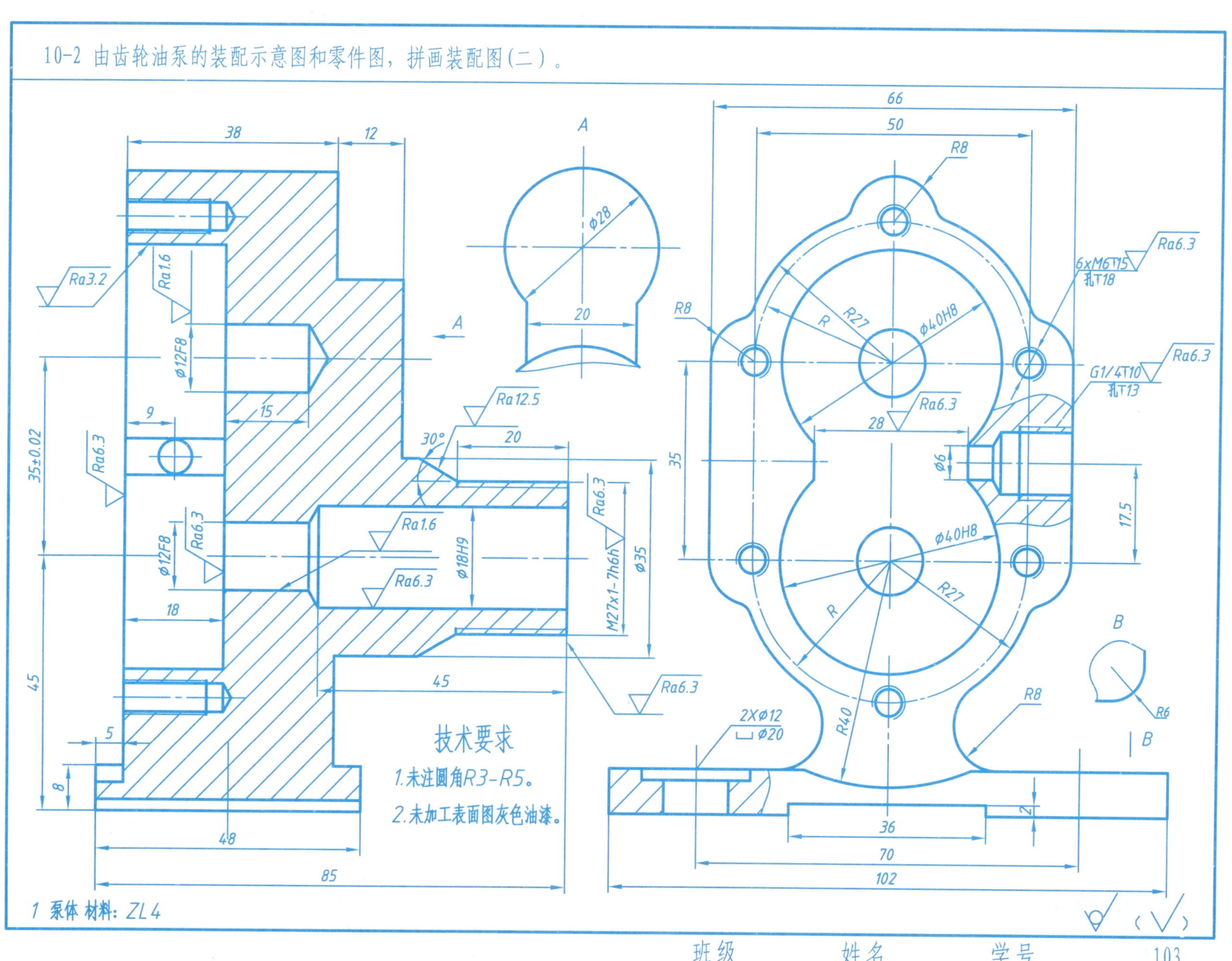
10-2 由齿轮油泵的装配示意图和零件图，拼画装配图（二）。
技术要求
1.未注圆角R3-R5。
2.未加工表面图灰色油漆。
1 泵体 材料：ZL4
6xM6↧15
孔↧18
G1/4↧10
孔↧13
2XΦ12
⌴Φ20
Φ40H8
Φ18H9
Φ12F8
M27x1-7h6h
35±0.02

10-2 由齿轮油泵的装配示意图和零件图，拼画装配图(三)。

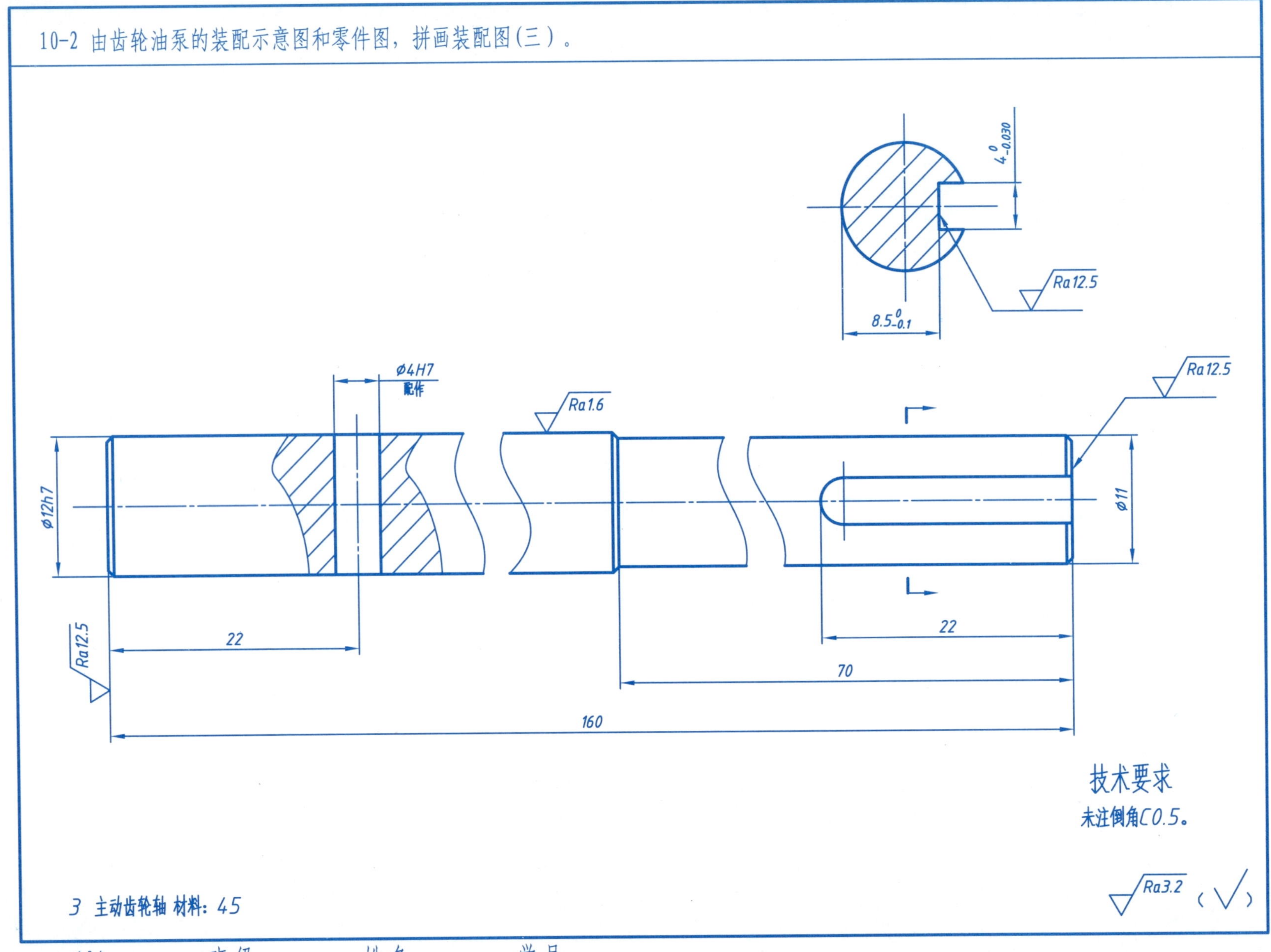

10-2 由齿轮油泵的装配示意图和零件图，拼画装配图(四)。

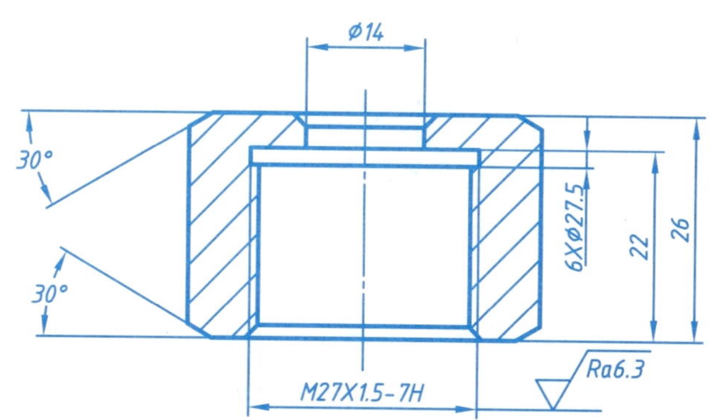

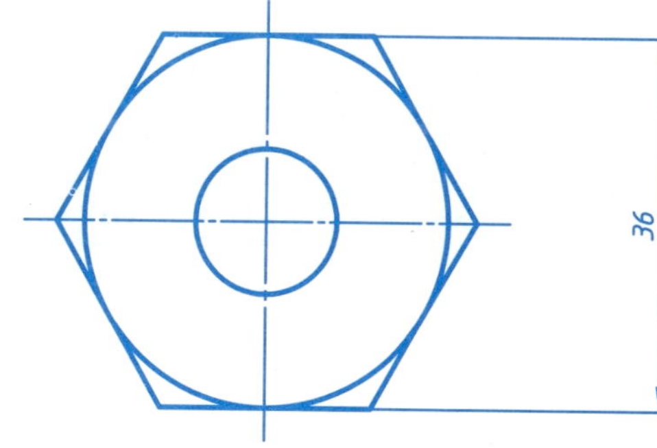

技术要求

未注倒角C1。

2 盖螺母 材料：ZL4

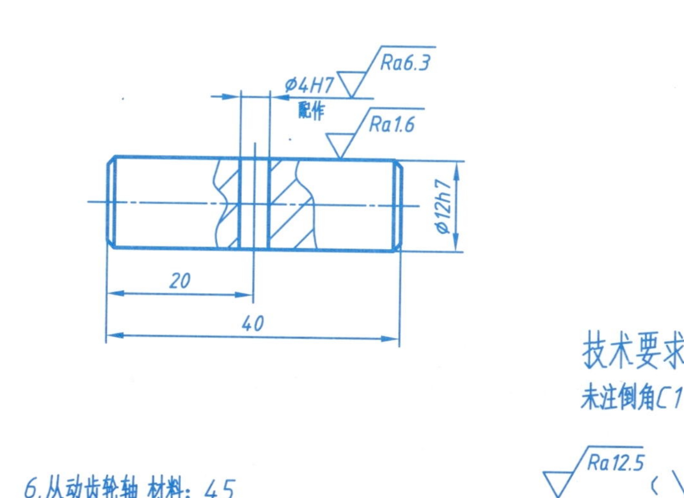

技术要求

未注倒角C1

6.从动齿轮轴 材料：45

Ra12.5 (√)

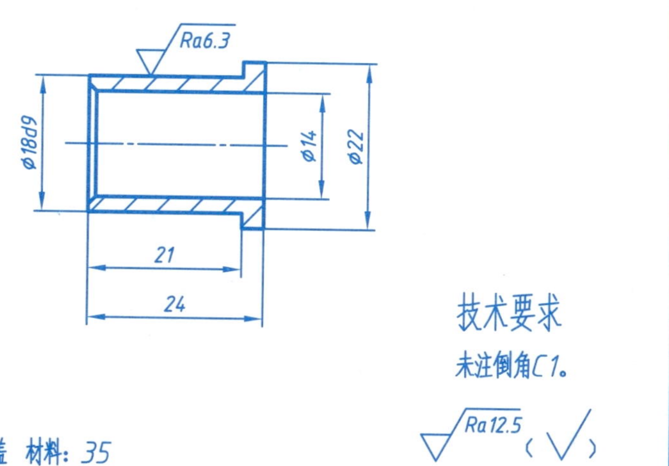

技术要求

未注倒角C1。

4 填料压盖 材料：35

Ra12.5 (√)

班级　　姓名　　学号

10-2 由齿轮油泵的装配示意图和零件图，拼画装配图(五)。

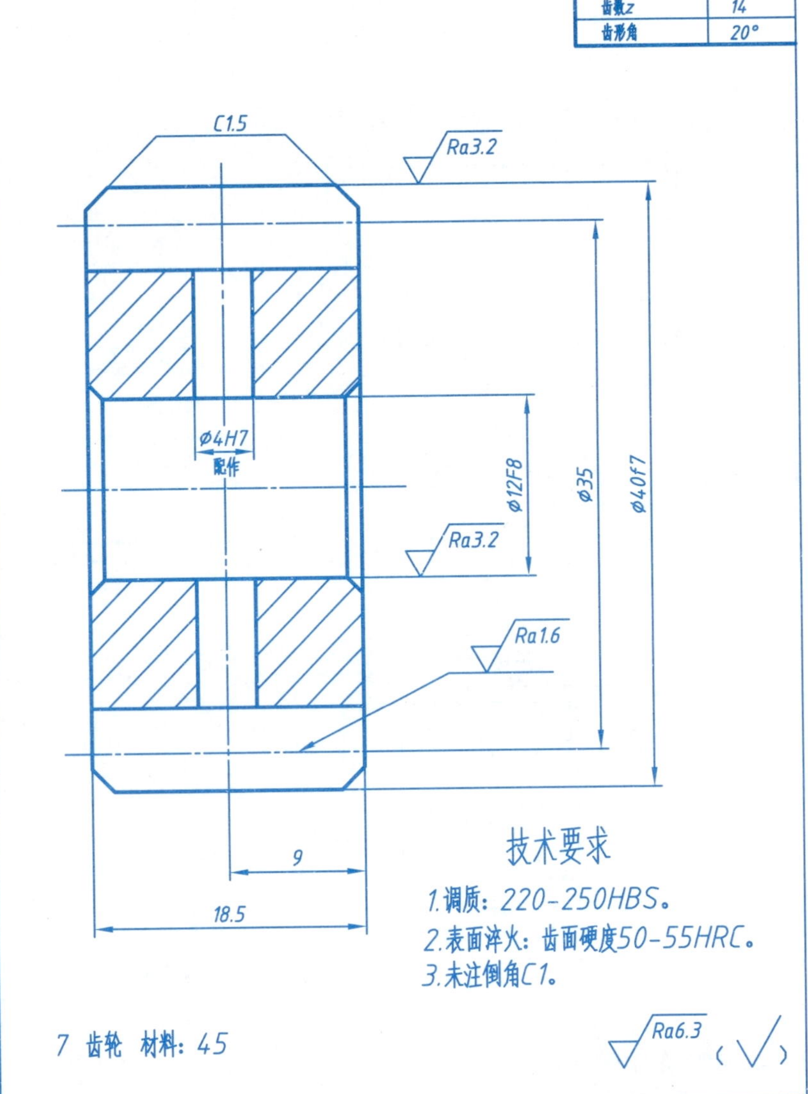

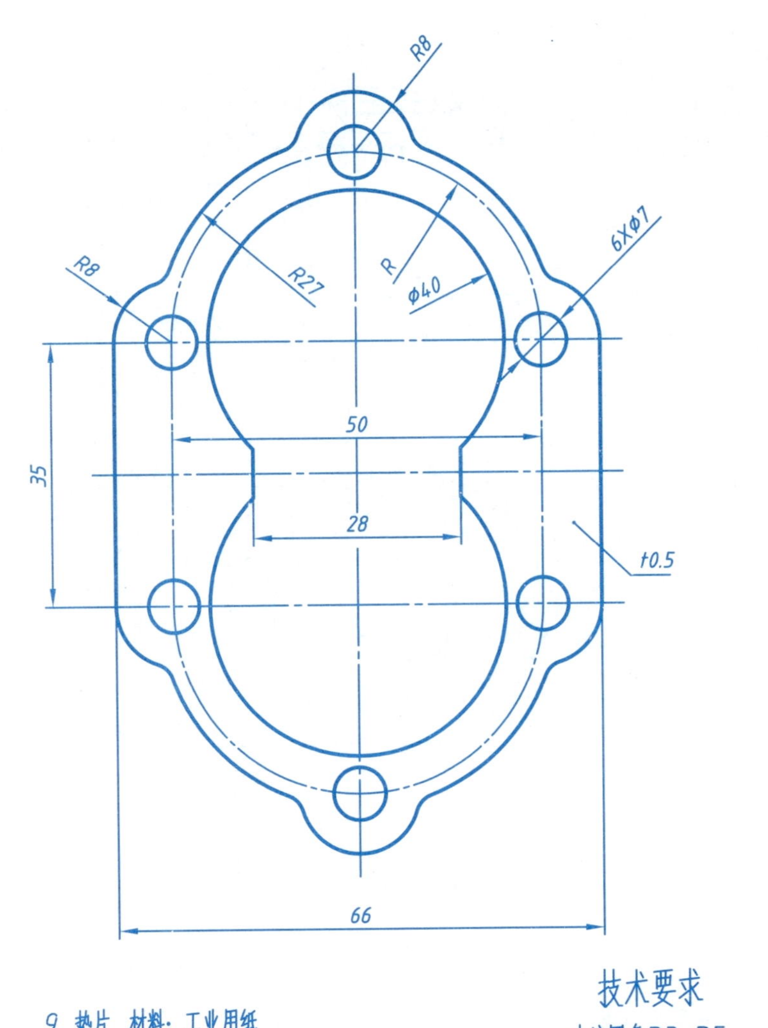

10-2 由齿轮油泵的装配示意图和零件图，拼画装配图。(六)

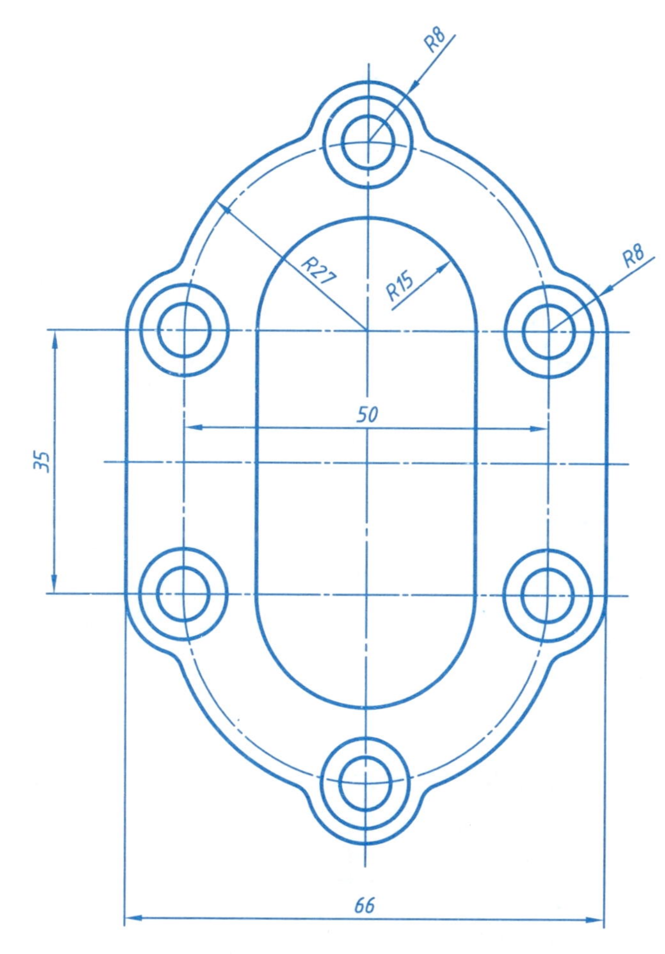

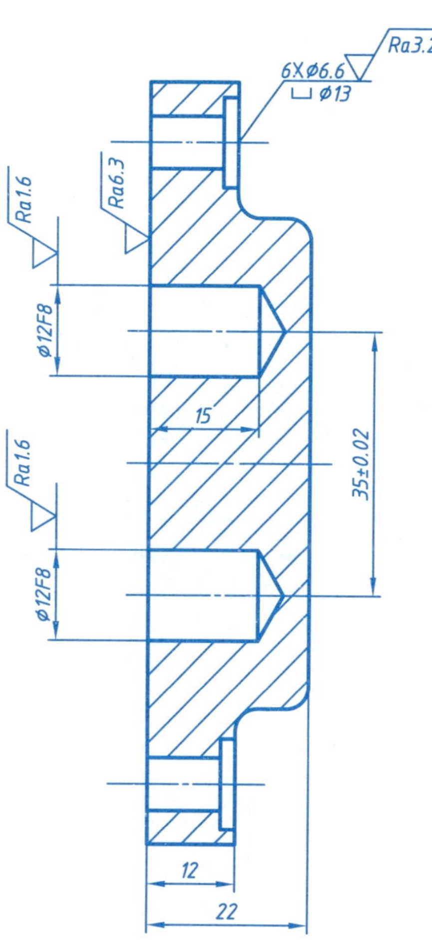

11 泵盖 材料：ZL4

技术要求

1.未注圆角R3–R5。

2.未加工表面图灰色油漆。

10-3 读懂“阀”装配图并回答问题(一)。

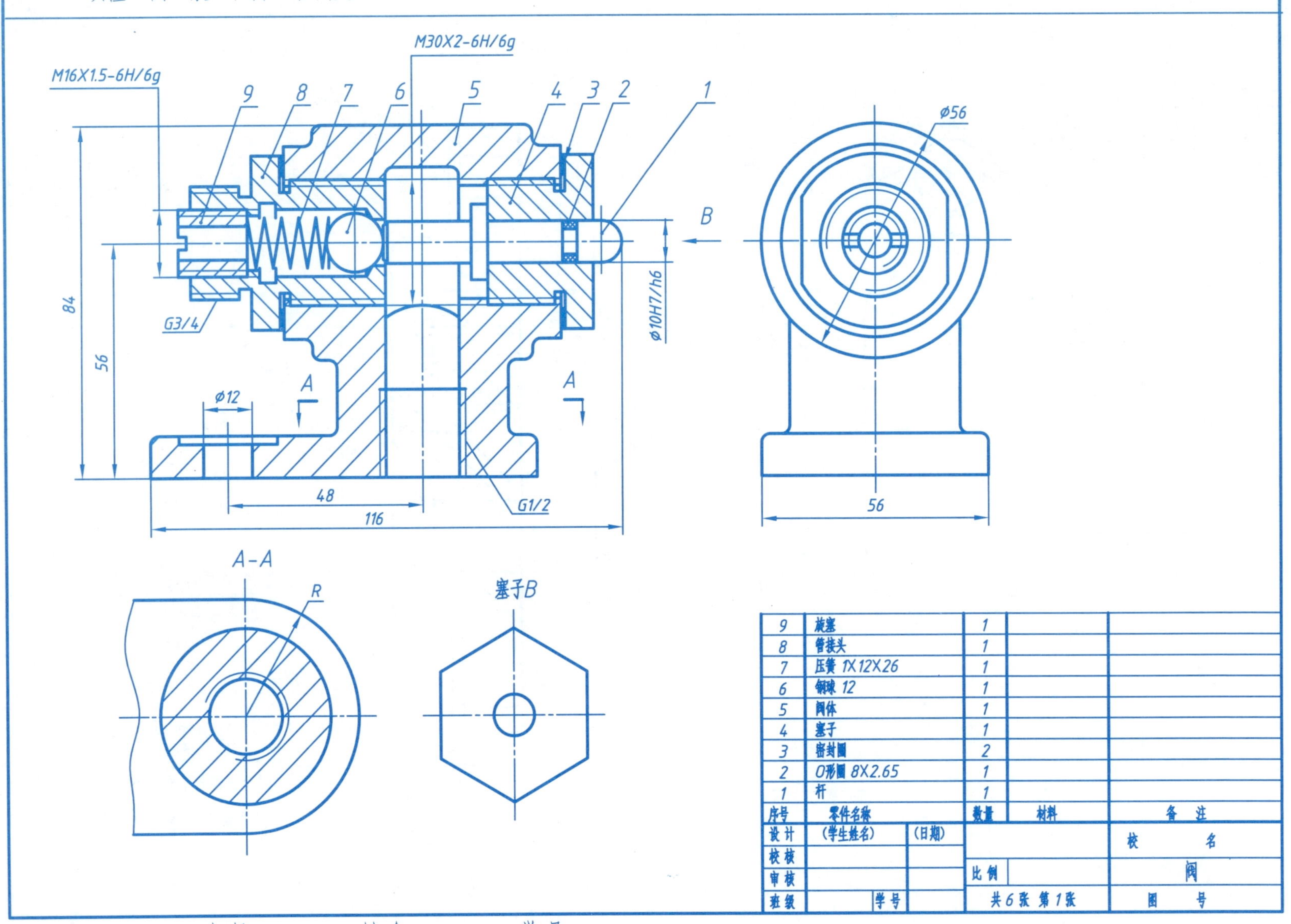

序号	零件名称	数量	材料	备注
9	旋塞	1		
8	管接头	1		
7	压簧 1X12X26	1		
6	钢球 12	1		
5	阀体	1		
4	塞子	1		
3	密封圈	2		
2	O形圈 8X2.65	1		
1	杆	1		

设计	(学生姓名)		(日期)		校名
校核					
审核				比例	阀
班级		学号		共6张 第1张	图号

 班级 姓名 学号

10-3 读懂“阀”装配图并回答问题(二)。

阀工作原理：

当杆1受力作用向左移动时，推动钢球6压缩弹簧7，阀门被打开；当去掉外力时，钢球在弹簧力的作用下将阀门关闭。

1.该装配体的名称叫________，有________种共________个零件组成，其中标准件________个。件3的材料是________。

2.该装配体共用了________个图形表达，其中主视图采用了________剖，B向视图单独画出的是件________零件的视图，采用的是装配图特殊的表达方法，另外还有________视图和采用了________全剖的局部视图。

3.该装配体的总体尺寸是：长________，宽________，高________；图中$\phi 12$和48是________尺寸，G1/2是________尺寸，其中G代表________螺纹。

4.尺寸$\phi 10H7/h6$是件________和件________的________尺寸，其中$\phi 10$是________尺寸，H7表示________的公差带代号，h6表示________的公差带代号，属于基________制的________配合。

5.图中件2和件3的作用是________。

6.若欲将阀打开，则应使件________左移，件________压缩件________。

7.若欲取出件6，至少应先旋出件________，再拿出________。

8.拆画件5阀体或件4塞子的零件图。

10-4 读懂“球心阀”装配图并回答问题（一）。

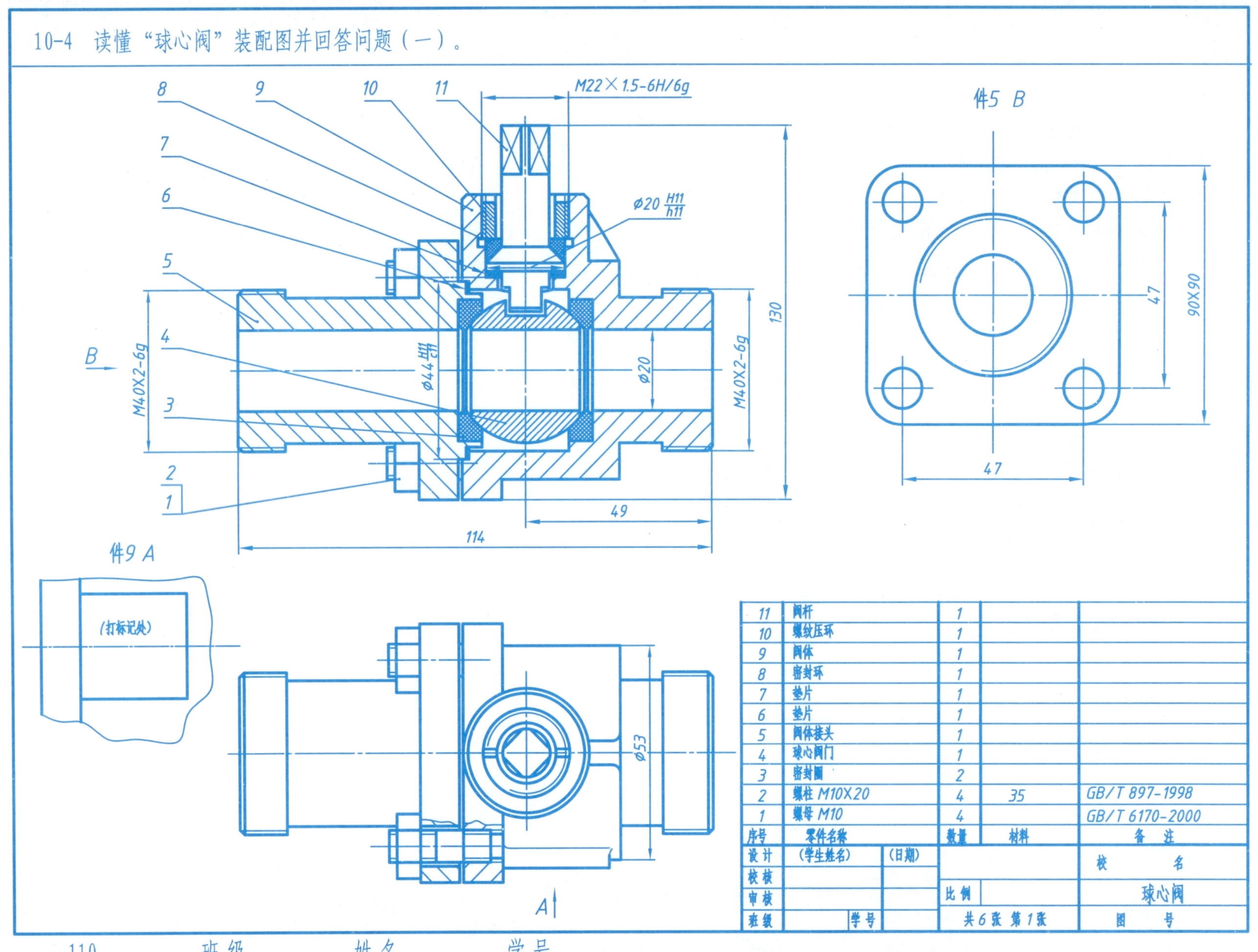

11	阀杆	1		
10	螺纹压环	1		
9	阀体	1		
8	密封环	1		
7	垫片	1		
6	垫片	1		
5	阀体接头	1		
4	球心阀门	1		
3	密封圈	2		
2	螺柱 M10X20	4	35	GB/T 897-1998
1	螺母 M10	4		GB/T 6170-2000
序号	零件名称	数量	材料	备注

设计	(学生姓名)	(日期)		校名
校核				
审核			比例	球心阀
班级		学号	共6张 第1张	图号

10-4 读懂“球心阀”装配图并回答问题(二)。

球心阀工作原理:

球心阀是控制管路中流体流量和启闭管道的部件。转动阀杆11即带动球心阀门4旋转，使通孔偏移，流体通路截面逐渐缩小，直至旋转90°时，阀的通路完全关闭。阀杆与阀体9之间，由密封环8、垫7和螺纹压环10组成密封装置，以防止流体泄漏。

1.该装配体的名称叫________，有________种共________个零件组成，其中标准件________个。件3的材料是________。

2.该装配体共用了________个图形表达，其中主视图采用了________剖，B向视图是为了表达件________的外部形状，另外还有________视图和采用了________剖的俯视图。

3.解释图中尺寸M22X1.5-6H/6g的含义:

4.尺寸Ø44H11/c11是件________和件________的________尺寸，其中Ø44是________尺寸，H11表示________的公差带代号，c11表示________的公差带代号，属于基________制的________配合。

5.图中件2和件3的作用是________。

6.件11阀杆头部的交叉细实线表示________。

7.若欲取出件4，拆卸顺序为________。

8.拆画件9阀体或件11阀杆的零件图（比例：1:1）。

11-1 根据给定的尺寸，按1∶1比例在计算机上绘制下列图形。

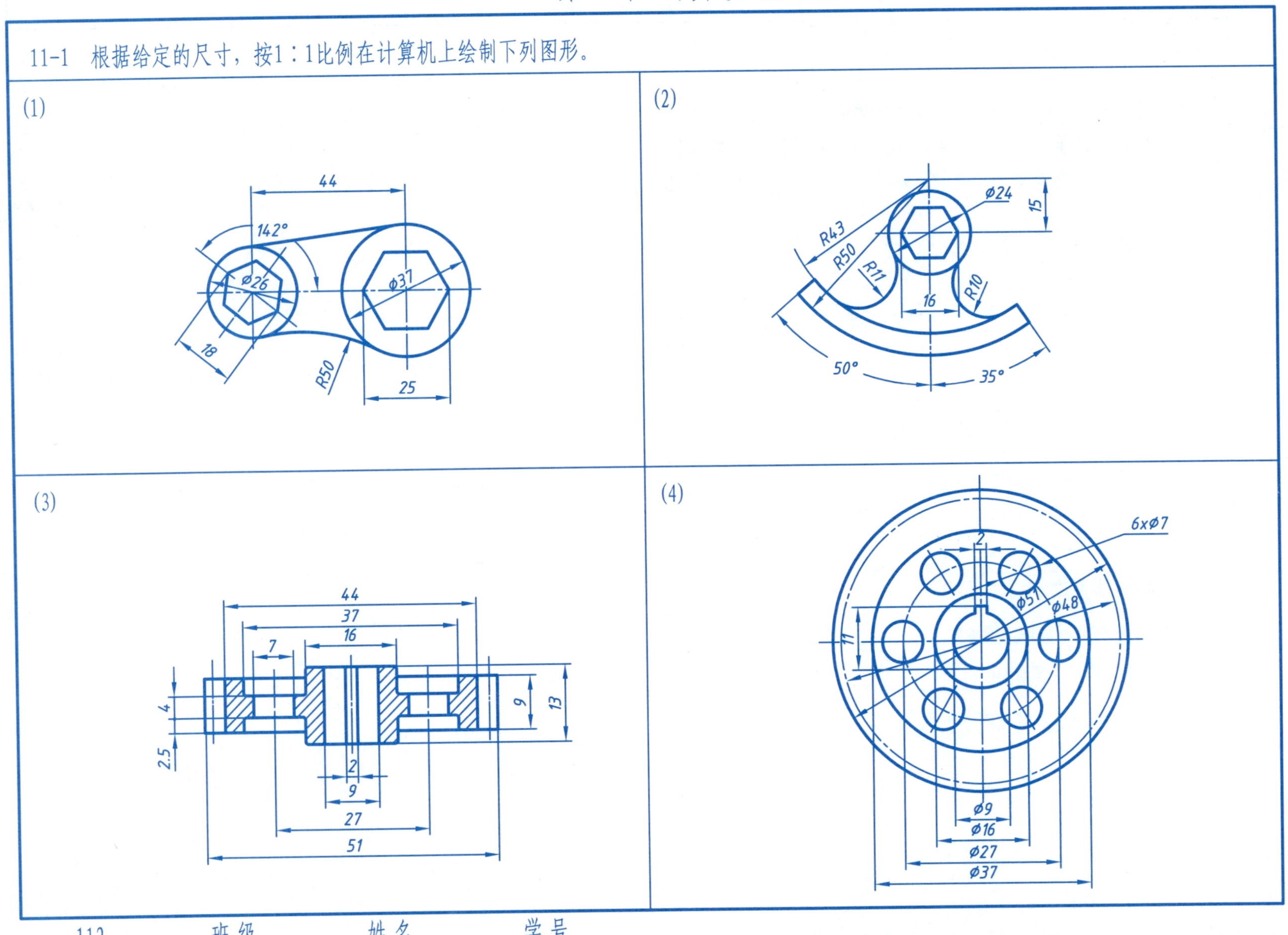

 班级 姓名 学号

11-2 根据给定的尺寸，按1:1比例在计算机上绘制下列图形。

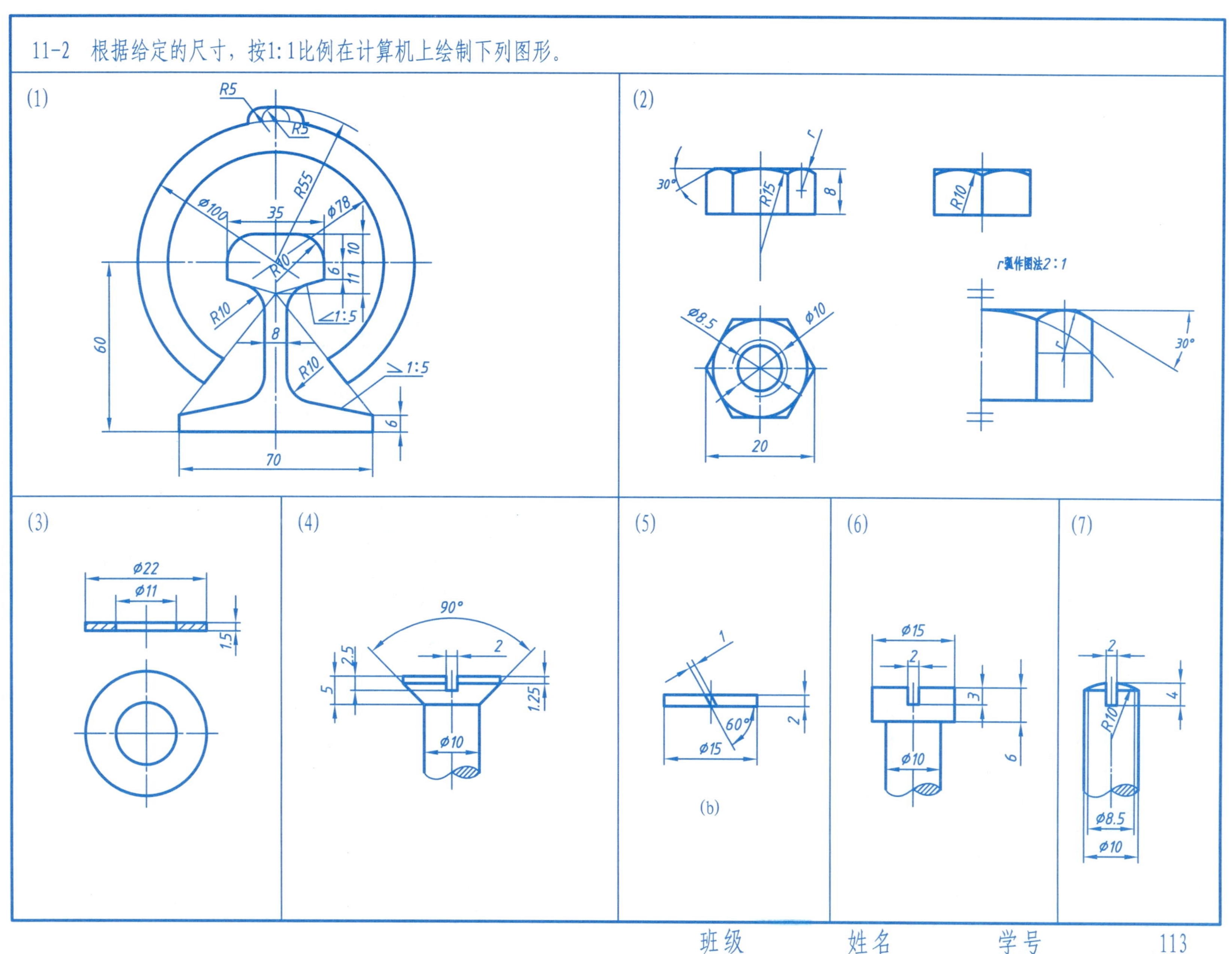

11-3 根据题11-2给定的尺寸(其他尺寸按比例画法确定)，将(1)中的图形定义为图块，利用已有图块绘制(2)的图形。

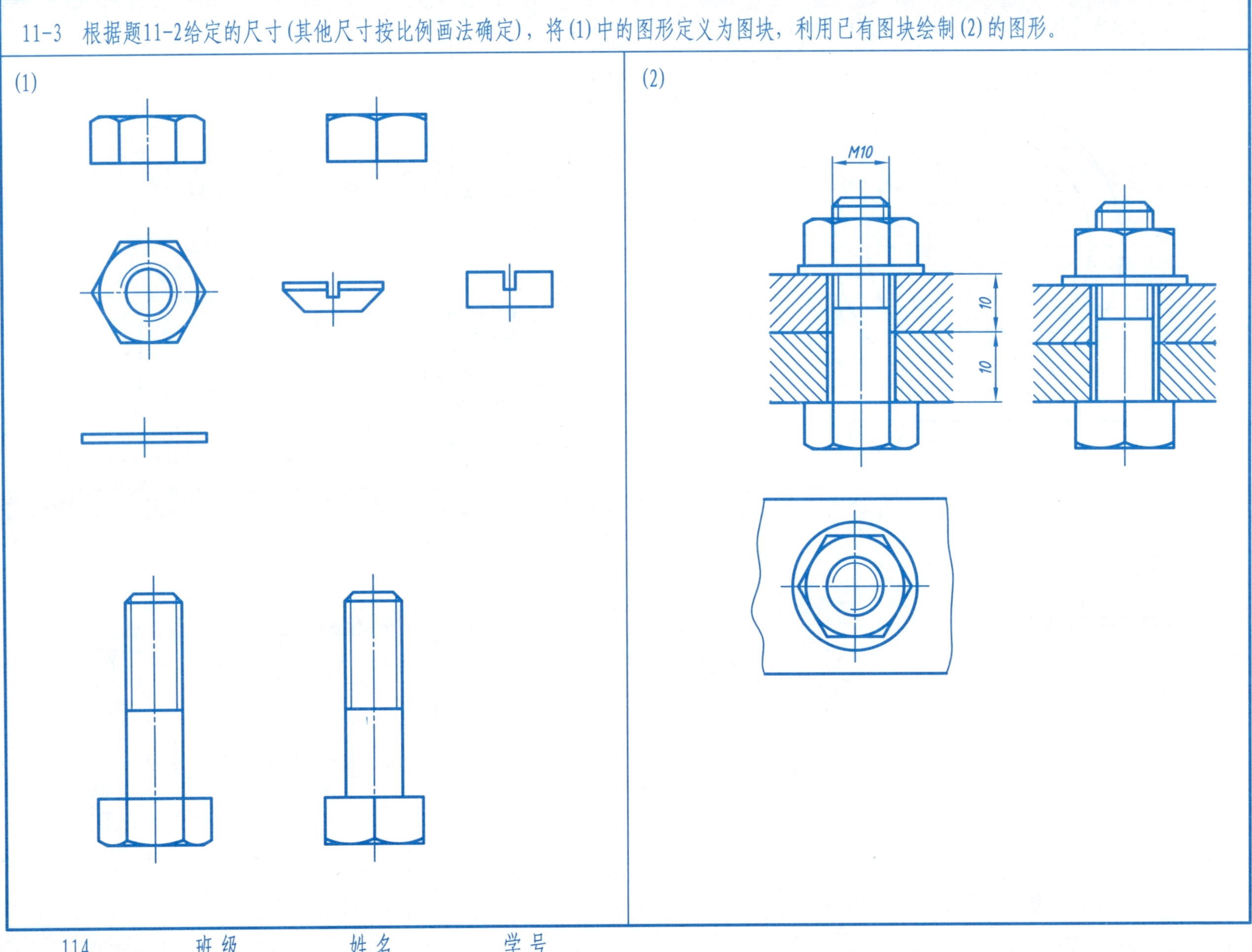

 班级 姓名 学号

11-4 用计算机绘制零件工作图。

模　数	3
特性系数	12
头　数	1
压力角	20°
螺旋角	4°45′49″
旋　向	左旋

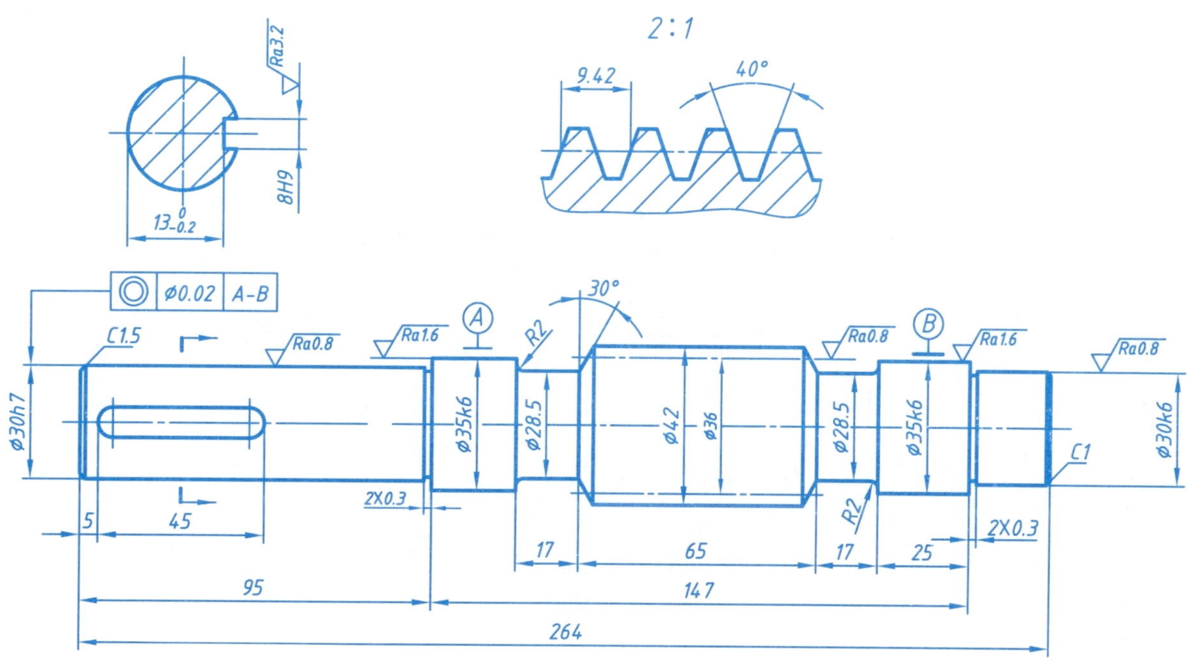

技术要求

1.轮齿部分在粗加工后进行调质处理 200-250HBS。

2.锐边倒钝。

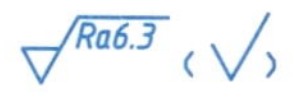

提示:

1.建图层，作基准线。

2.根据尺寸偏移并修剪。

3.做好轴的上或下部分进行镜像。

4.做块和文本，标注尺寸，完成全图。

设计		(日期)	材料	45	(校名)
校核			比例	1:1	蜗杆
审核					
班级	学号		共8张 第3张		XT2005-01-03

11-5　用计算机绘制零件工作图。

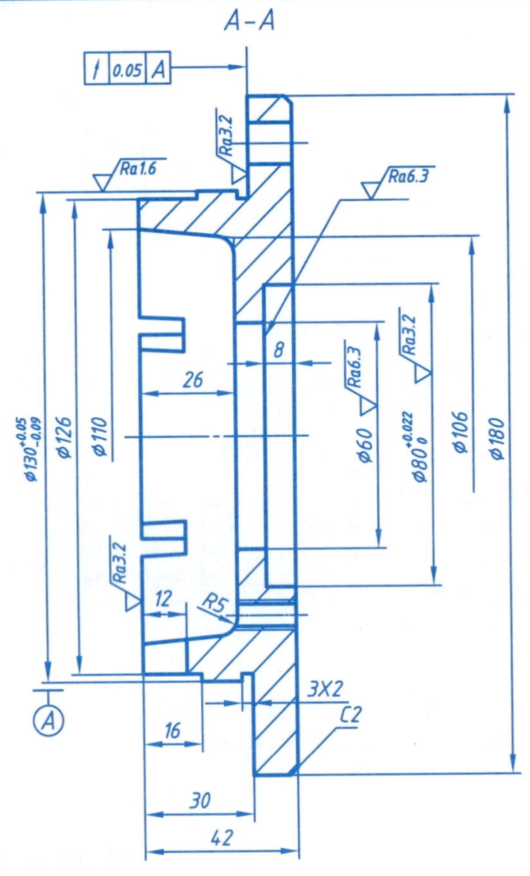

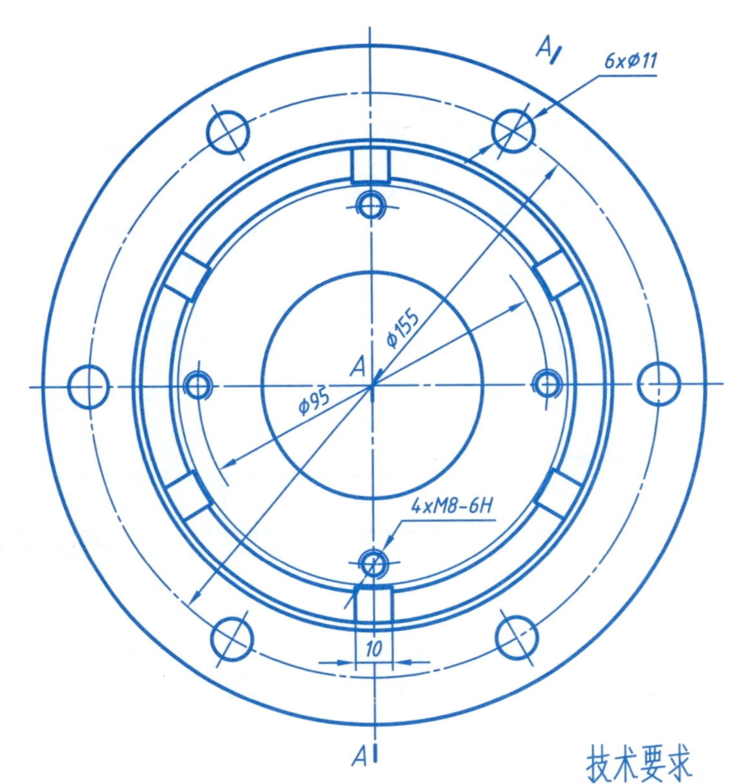

提示：

1.建图层，作基准线。

2.先做左视图，根据尺寸画圆、线，并修剪。

3.根据高平齐画主视图，进行镜像。

4.做块和文本，标注尺寸，完成全图。

技术要求

1.铸件不得有砂眼、气孔。

2.非加工表面涂红色油漆。

3.未注倒角C1。

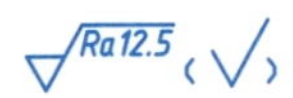

(√)

设计			(日期)	材料	HT200	(校　名)
校核				比例	1:1	压　盖
审核						
班级		学号		共8张 第3张		XT2005-02-03

参 考 文 献

[1] 郑文灏，邢邦圣. 机械制图 [M]. 北京：高等教育出版社. 2000.

[2] 郑文灏，邢邦圣. 机械制图习题集 [M]. 北京：高等教育出版社. 2000.

[3] 李爱惠，郑文灏. 机械制图 [M]. 北京：北京理工大学出版社. 2005.

[4] 李爱惠，郑文灏. 机械制图习题集 [M]. 北京：北京理工大学出版社. 2005.

[5] 钱可强. 机械制图 [M]. 3 版. 北京：高等教育出版社. 2011.

[6] 钱可强. 机械制图习题集 [M]. 3 版. 北京：高等教育出版社. 2011.